NATURWISSENSCHAFTEN

Optische Geräte

Volk und Wissen Verlag

Autor: Prof. Dr. Klaus Liebers

Redaktion: Lutz Kasper

Dieses Werk folgt der reformierten Rechtschreibung und Zeichensetzung. Währungsangaben erfolgen in Euro.

ISBN 3-06-020967-7

1. Auflage
5 4 3 2 1 / 03 02 01 00 99
Alle Drucke dieser Auflage sind unverändert und im Unterricht parallel nutzbar. Die letzte Zahl bedeutet das Jahr dieses Druckes.

Printed in Germany
Satz: VWV DTP
Druck und Binden: Offizin Andersen Nexö, Leipzig
Zeichnungen und Illustrationen: Rainer Dassow, Andrea Soest, Karl-Heinz Wieland
Layout: Rainer Dassow
Einband und Typographie: Wolfgang Lorenz

Inhaltsverzeichnis

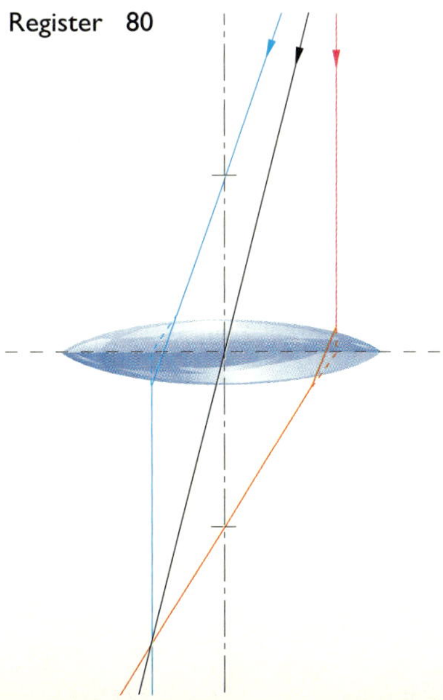

1 Linsen und Linsensysteme

Das Bild zeigt eine kleine Auswahl von Linsen. Sie haben verschiedene Formen, sind aus diversen Glassorten hergestellt und besitzen unterschiedliche Oberflächenbeschichtungen. Welche optischen Eigenschaften haben die einzelnen Linsen?

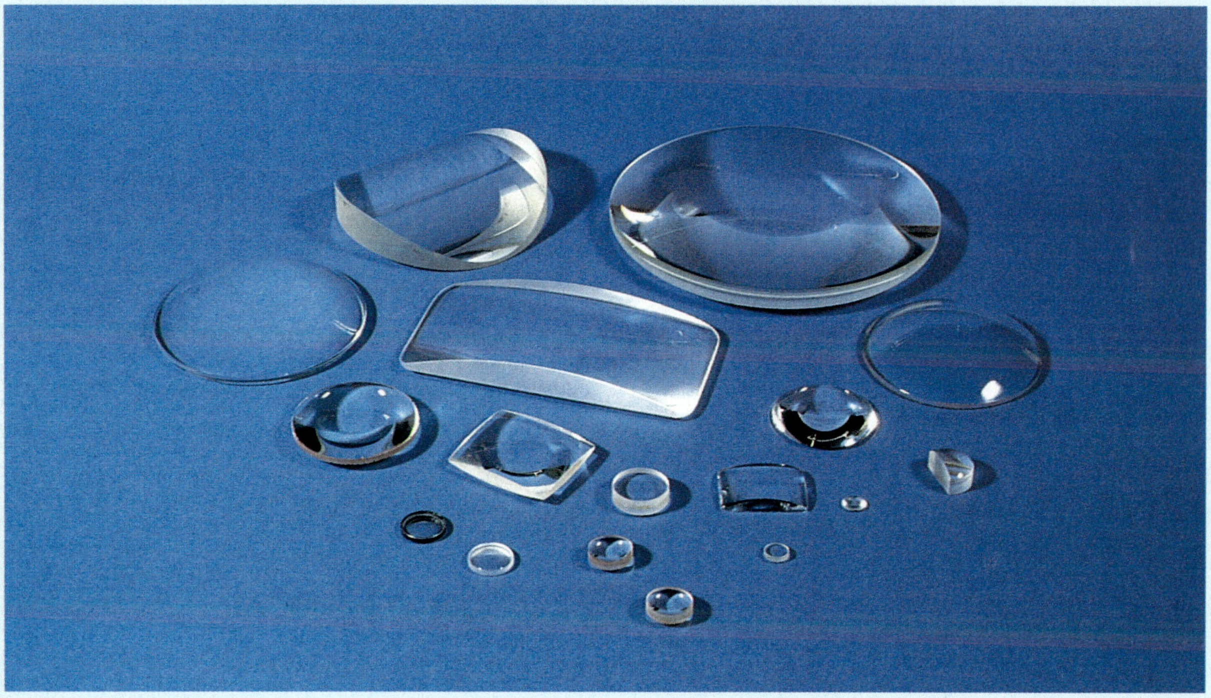

Bild 1

Experimente und Beobachtungen

Zur Herstellung von Glas

Experiment 1: Wir wiegen zunächst 7,5 g Quarzsand und 4,3 g Soda ab.
Danach werden die Substanzen gemischt.
Dieses Gemenge erhitzen wir in einem Muffelofen ungefähr 10 Minuten.
Wenn die Glasschmelze glüht, wird sie in einen Nickeltiegel umgefüllt.
Nach dem Abkühlen können wir das durchscheinende Glas herausnehmen.

Experiment 2: Gefärbte Gläser erhält man, wenn man dem in Experiment 1 beschriebenen Gemenge geringe Spuren folgender Stoffe zusetzt:
Zink(II)-oxid ergibt honiggelb,
Eisen(III)-oxid ergibt gelb,
Cobalt(II)-hydroxid-carbonat ergibt blau
und Mangan(IV)-oxid ergibt violett.

Zur Brechung des Lichtes an Sammel- und Zerstreuungslinsen

Experiment 3: Welche der dir vorliegenden Experimentierlinsen, Lupen, Objektive von Mikroskopen, Fernrohren, Ferngläsern, Fotokameras oder Bildwerfern sind Sammel- beziehungsweise Zerstreuungslinsen?
Bestimme die Brennweite der Sammellinsen und prüfe, ob sich die Brennweite der Linse ändert, wenn man die Linse umkehrt.

Experiment 4: Welche Gebrauchsgegenstände wirken wie Linsen?
Benutze verschieden geformte Glaskörper, leere und mit Wasser oder Öl gefüllte Gefäße aus Glas oder durchsichtiger Plastik. Welche Bedingung muss ein Körper erfüllen, damit er wie eine Linse wirkt?
Haben diese Linsen einen Brennpunkt, eine Brennlinie oder eine Brennfläche?

Experiment 5: Wie ändert sich die Brennweite, wenn eine Linse beidseitig nicht mit Luft, sondern (in einer Küvette) mit Wasser oder Olivenöl umgeben ist?

Experiment 6: Wo und wie oft wird der Lichtstrahl an einer Linse gebrochen?
Lege eine Linse auf Papier und zeichne deren Umriss nach. Richte auf die Linse einen Lichtstrahl. Zeichne den Verlauf des Lichtstrahls vor, in und hinter der Linse nach.

Experiment 7: Wie bricht eine Sammellinse einen Parallelstrahl, einen Mittelpunktstrahl und einen Brennpunktstrahl (Bild 1)?
Zeichne den Umriss einer Sammellinse auf Papier und kennzeichne deren Mittelpunkt. Ermittle dann die beiden Brennpunkte und markiere sie.

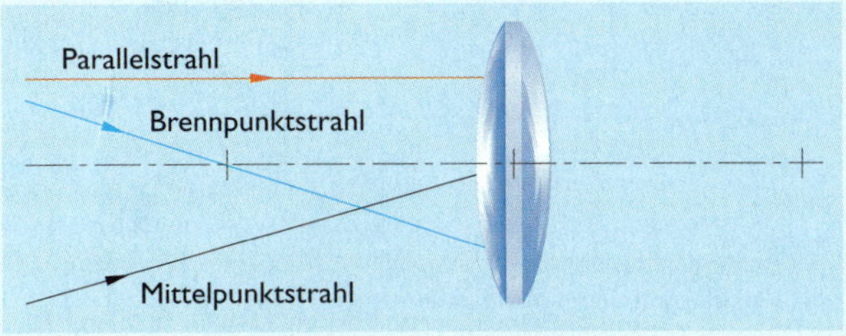

Bild 1: Wie werden diese Strahlen gebrochen?

Experiment 8: Wo liegt der scheinbare Brennpunkt von Zerstreuungslinsen?
Bestimme dazu die scheinbare Brennweite von Zerstreuungslinsen.

Experiment 9: Wie brechen Zerstreuungslinsen das Licht? Wiederhole zu dieser Frage das Experiment 7 mit einer Zerstreuungslinse.

Zu Linsenfehlern

Experiment 10: Wie verhalten sich Randstrahlen beim Durchgang durch Linsen (Bild 2)?
Zeichne jeweils den Umriss der verschiedenen Linsen auf Papier und dann den Verlauf der Strahlen.

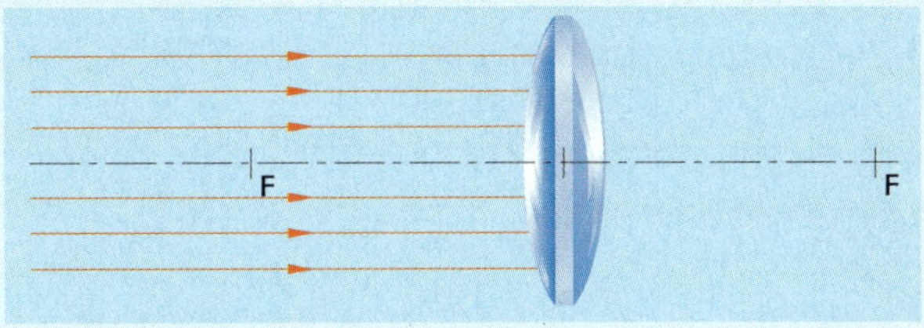

Bild 2: Welcher Linsenfehler zeigt sich?

Experiment 11: Was beobachtet man an den Rändern eines gebrochenen Lichtbündels?
Erzeuge ein paralleles Lichtbündel und richte es auf verschiedene Linsen. Fange das gebrochene Lichtbündel mit weißem Papier auf.

Experiment 12: Welche Brennweite sollten Linsen haben, damit die beobachteten Linsenfehler möglichst klein sind?

Experiment 13: Untersuche, ob dir bekannte Linsenfehler auch bei den Objektiven von optischen Geräten auftreten.

Zur Brennweite von Doppellinsen

Experiment 14: Welcher Zusammenhang besteht zwischen den Brennweiten f_1 und f_2 von zwei Einzellinsen und der Brennweite f_{ges} der aus beiden Linsen zusammengesetzten Doppellinse?
Ordne zwei Linsen dicht hintereinander zu einer Doppellinse an. Bestimme die Brennweite f_{ges} verschiedener Doppellinsen. Trage die Werte für die Brennweiten f_1, f_2 und f_{ges} in eine Tabelle ein.

Aufgaben

1. In welchen Geräten nutzt man Fresnellinsen?
2. Zeige in einer maßstabsgerechten Zeichnung, dass Linsen mit kleiner (großer) Brennweite eine große (kleine) Brechkraft haben ($f = 0{,}25$ m ; $f = 1$ m).
3. Welche Brechkraft haben die dir zur Verfügung stehenden Linsen? Liegt deren Brechkraft im Bereich der von Mitschülern benutzten Brillengläser?
4. Manche Bestellkataloge sind in sehr kleiner Schrift gedruckt. Dazu werden Linsen mitgeliefert. Um welche Art von Linsen handelt es sich dabei? Wie groß ist deren Brennweite?
5. Wie groß ist die Brennweite einer Doppellinse aus zwei Sammellinsen mit $f = +50$ mm?
6. Warum kannst du mit deinen Experimentierlinsen keine achromatischen Linsensysteme zusammenstellen?
7. Für eine Vollkugel aus Glas, die sich in Luft befindet, kann man die Brennweite nach folgender Näherungsgleichung berechnen: $f = 1{,}5 \cdot r$.
   a) Überprüfe diese Gleichung experimentell.
   b) Mit solchen Vollglaskugeln (Durchmesser etwa 15 cm) hat man früher im metereologischen Dienst die tägliche Sonnenscheindauer bestimmt. Wie hat man das gemacht?
8. Für die Brennweite einer dünnwandigen, mit Wasser gefüllten Glaskugel gilt die Näherungsgleichung $f = r/2$. Überprüfe diese Aussage experimentell.
9. Gestalte ein Poster über eine Glashütte.

1.1 Linsen brechen Licht

Linsen können nach der Form der Linsenoberfläche unterschieden werden.

Sphärische Linsen

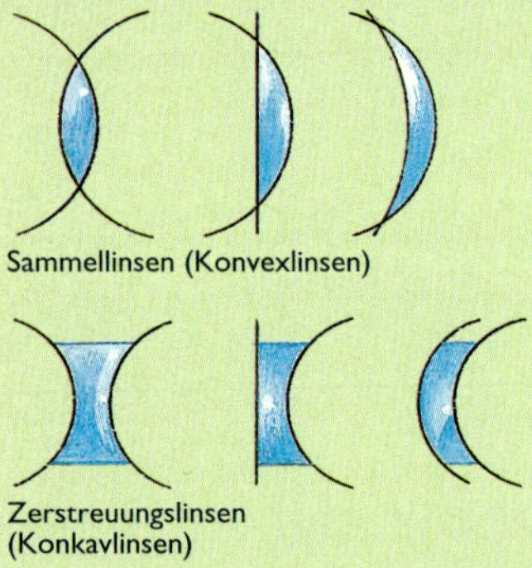

Die Oberflächen könnten Teile von Kugeln oder Ebenen sein.

Zylinderlinsen

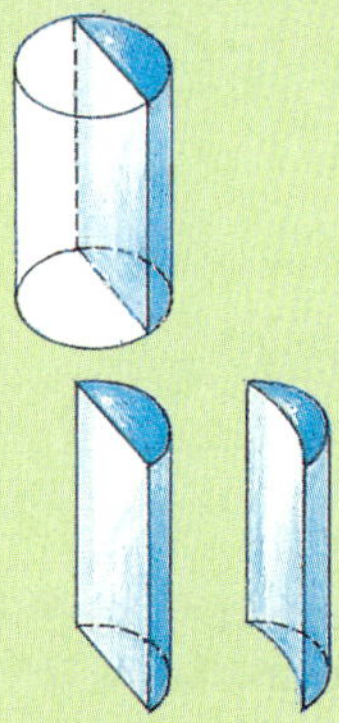

Die Oberflächen könnten Teile von Zylindern oder Ebenen sein.

Fresnellinsen

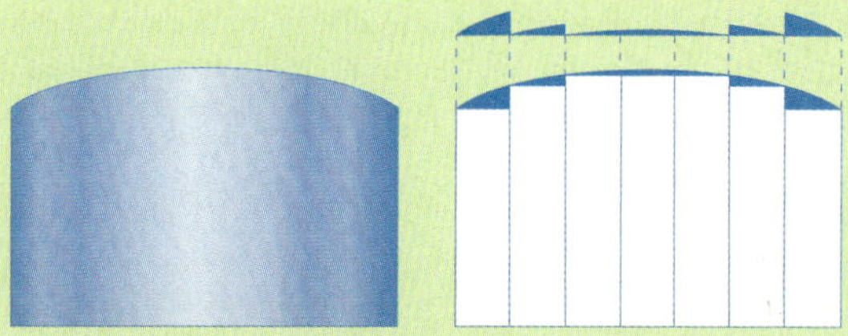

Die optische Wirkung einer von Luft umgebenen Linse wird vorwiegend durch die Glassorte und die Wölbung ihrer Grenzflächen hervorgerufen, aber nicht durch ihre Dicke. Daher kann man auf die gedachten „geraden Säulenstücke“ innerhalb einer Linse verzichten und nur mit den gewölbten „Reststücken“ der „ganzen“ Linse arbeiten.

Linsen mit kombiniertem Schliff: Eine Oberfläche ist sphärisch geschliffen und die andere zylindrisch.

Sphärische Linsen unterteilt man nach ihrer Wirkung in Sammel- und in Zerstreuungslinsen. Nach ihrer Wölbung nennt man sie auch Konvex- oder Konkavlinsen.

Lichtdurchgang durch Sammellinsen. Zur Untersuchung des Lichtdurchgangs durch Linsen werden zunächst folgende Begriffe eingeführt:

Optische Achse. Die optische Achse ist eine gedachte Linie, die durch die Mitte der Linse verläuft und senkrecht auf der Hauptebene der Linse steht (Bild 1).

Brennpunkt F und Brennweite *f*. Auf jeder Seite einer Sammellinse gibt es einen Brennpunkt F (vom lateinischen Wort focus für Feuer). Der Abstand des Brennpunktes von der Hauptebene der Linse heißt Brennweite *f*. Sie wird meist in Millimetern angegeben. Die Brennweite einer Linse hängt von deren Krümmung, der Glassorte und den sie umgebenden Stoffen ab. Die Brennweite ist umso kleiner, je stärker die Linse gekrümmt ist. Die Brennweite vergrößert sich, wenn die Linse von Wasser oder Öl umgeben ist.

Parallel-, Mittelpunkt- und Brennpunktstrahlen. Bei der Brechung des Lichtes in Linsen untersucht man vor allem drei besondere Strahlen: Parallelstrahlen, Mittelpunktstrahlen und Brennpunktstrahlen (Bild 1). Um die Zeichnungen zu vereinfachen, benutzt man ein Modell für die Lichtbrechung in Linsen. Es ersetzt die zweimalige Brechung eines Lichtstrahls an den Grenzflächen durch eine einmalige Brechung in der Hauptebene der Linse.
Für die Brechung dieser Strahlen gilt:
- Ein Parallelstrahl verlässt eine Sammellinse als Brennpunktstrahl.
- Ein Mittelpunktstrahl ändert seine Richtung nicht.
- Ein Brennpunktstrahl verlässt eine Sammellinse als Parallelstrahl.

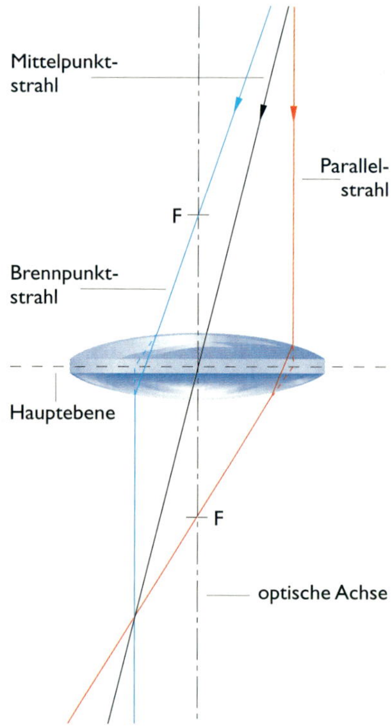

Bild 1: Wirklichkeit und Modell für die Lichtbrechung in Linsen

Brechkraft *B* von Linsen. Linsen brechen einfallendes Licht unterschiedlich stark. Die Brechkraft einer Linse ist zu ihrer Brennweite umgekehrt proportional. Linsen mit kleiner Brennweite haben eine große Brechkraft. Linsen mit großer Brennweite haben eine schwache Brechkraft. Ist eine Linse auf beiden Seiten von Luft umgeben, kann man ihre Brechkraft *B* zahlenmäßig sehr einfach angeben.
Für diesen Fall gilt:

$$\text{Brechkraft } B = \frac{1}{\text{Brennweite } f} \qquad \text{Einheit: } \frac{1}{\text{m}}$$

Diese Einheit nennt man Dioptrie (dpt): 1 dpt = 1 m^{-1} .
Sie wird vor allem zur Angabe der optische Wirkung von Linsen bei Brillen benutzt.

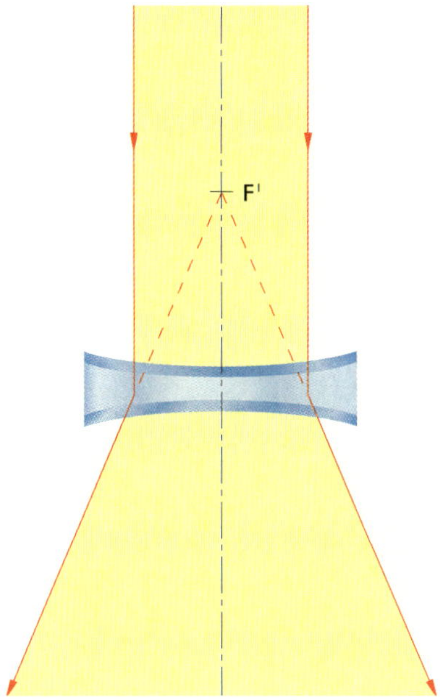

Bild 1: So können der scheinbare Brennpunkt F' und die scheinbare Brennweite *f* von Zerstreuungslinsen bestimmt werden.

Lichtdurchgang durch Zerstreuungslinsen. Zerstreuungslinsen haben keine wirklichen Brennpunkte. Ein paralleles Lichtbündel wird in einer Zerstreuungslinse so gebrochen, als wäre das Licht von einem Punkt auf der Vorderseite der Linse ausgegangen (Bild 1). Diesen Punkt nennt man scheinbaren Brennpunkt F'. (Der Apostroph am F soll daran erinnern, dass es nur ein scheinbarer Brennpunkt ist.) Im Unterschied zu Sammellinsen gibt man die Brennweite von Zerstreuungslinsen als negative Brennweite an, zum Beispiel $f = -50$ mm. Weil die Brennweite von Zerstreuungslinsen negativ ist, ergibt sich auch für die Brechkraft eine negative Dioptrienzahl ($B = -20$ dpt).
Die Brechung der drei besonderen Strahlen in einer Zerstreuungslinse zeigt das Bild 2. Als Brennpunktstrahl gilt bei der Zerstreuungslinse ein Lichtstrahl, der zum scheinbaren Brennpunkt auf der anderen Seite der Linse gerichtet ist.

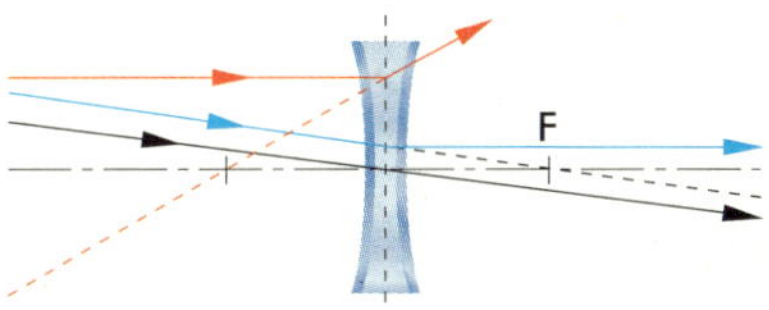

Bild 2: Brechung von Parallelstrahlen, Brennpunktstrahlen und Mittelpunktstrahlen in einer Zerstreuungslinse

Doppellinsen. Ordnet man zwei Linsen so hintereinander an, dass ihre optischen Achsen übereinstimmen, erhält man eine Doppellinse. Eine solche Kombination von Linsen nennt man auch ein Linsensystem.

Die gemeinsame Brennweite f_{ges} von zwei nah beieinander stehenden Experimentierlinsen kann man näherungsweise nach folgender Gleichung berechnen:

$$f_{ges} = \frac{f_1 \cdot f_2}{f_1 + f_2} \; .$$

Die Brennweite f_{ges} wird von der Mitte zwischen den zwei Einzellinsen aus gemessen.

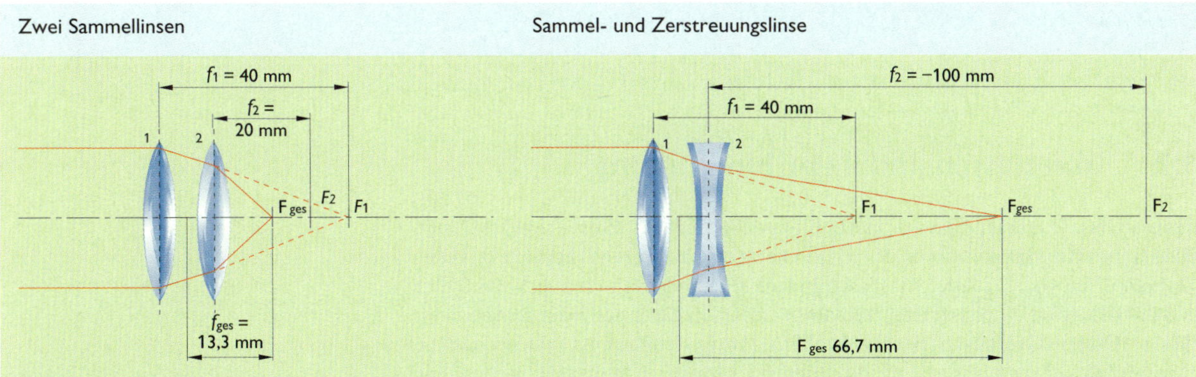

Die Sammelwirkung der ersten Linse wird durch die zweite verstärkt.

Die Sammelwirkung der Sammellinse wird durch die Zerstreuungslinse geschwächt.

Linsenfehler

Sphärische Aberration

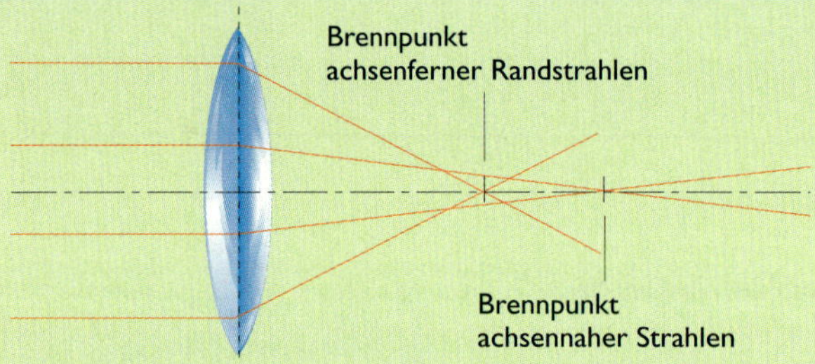

Bei sphärischen Linsen werden nur achsennahe Lichtstrahlen durch den Brennpunkt gebrochen. Je größer der Abstand von der optischen Achse ist, desto größer ist die Abweichung (lat. Aberration) der gebrochenen Lichtstrahlen vom Brennpunkt F. Diese spärische Aberration tritt auch bei Zerstreuungslinsen auf.

Chromatische Aberration

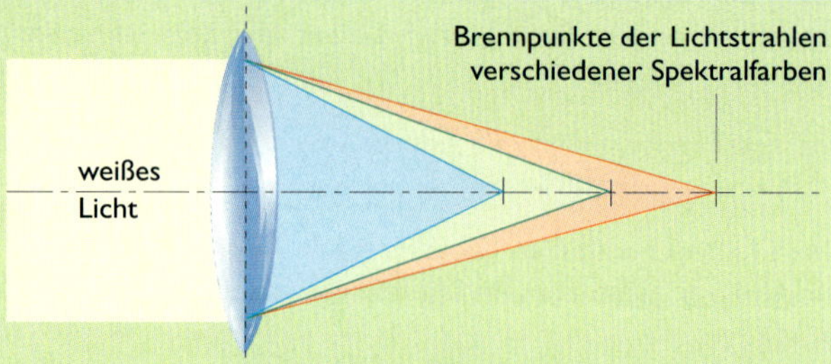

An den Rändern wird aus dem weißen Licht der blaue Anteil stärker gebrochen als der rote. Für die einzelnen Farben gibt es abweichende Brennpunkte. Dies führt zu farbigen (griech. chromatischen) Rändern im gebrochenen Licht. Diese chromatische Aberration tritt auch bei Zerstreuungslinsen auf.

Verminderung der Linsenfehler

Blenden und lange Brennweiten

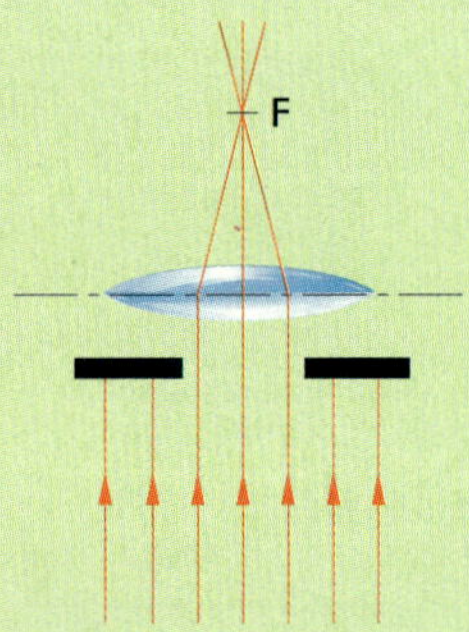

Blenden und Linsen mit langen Brennweiten vermindern die sphärische und die chromatische Aberration.

Asphärische Linsen

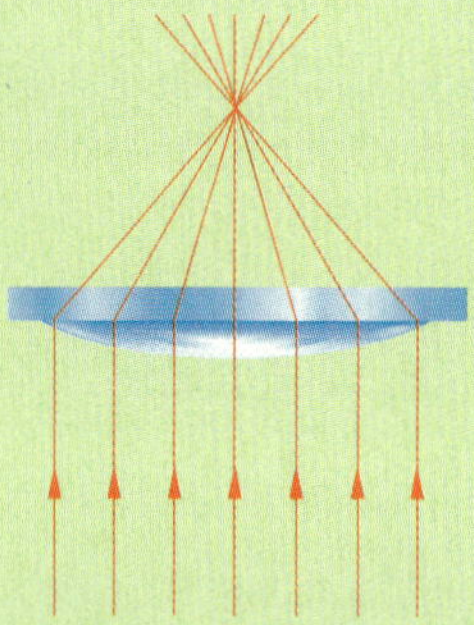

Besondere, nicht kugelförmig (asphärisch) geschliffene Linsen vermeiden die sphärische Aberration.

Achromatische Linsensysteme

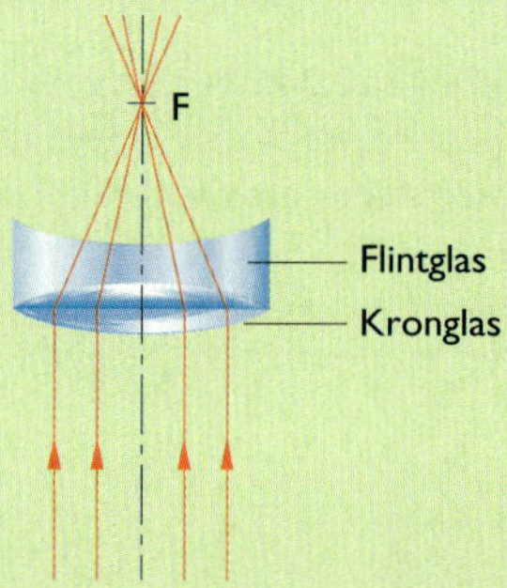

Kombinationen von Sammel- und Zerstreuungslinsen verschiedener Gläser vermeiden die chromatische Aberration.

1.2 Von Linsen und ihrer Herstellung

Erstes Glas. Das erste Glas war farbig. Der wichtigste Rohstoff für Glas ist Quarz. Dieses zweithäufigste Mineral der Erde ist milchig trübe und kommt in vielen Gesteinsarten vor. Da jeder Meeresstrand so entstanden ist, dass sich die Steine in den Meereswellen gegenseitig zermahlen haben, ist Sand der Hauptlieferant für Quarz. Dieser Quarzsand blieb schließlich übrig, denn er ist härter und im Meerwasser weniger löslich als die anderen Mineralien aus den zerriebenen Gesteinen. Die meisten farblosen, halb durchscheinenden Sandkörnchen bestehen zum größten Teil aus Quarz. Dieser Quarzsand ist sehr beständig, denn je nach Reinheit schmilzt Quarz erst bei Temperaturen zwischen 900 °C und 1 700 °C.

Um 3000 v. Chr. entdeckten ägyptische Metallschmelzer mehr oder weniger zufällig, wie in ihren Öfen ein neues Material entstand: Glas. Es war farbig, aber noch nicht durchsichtig. Zusammen mit den Erzen muss zufällig Sand in die Öfen gekommen sein, der viel Soda enthielt. Durch diese Verunreinigung schmilzt Quarz bereits bei Temperaturen um 900 °C. Wenige Jahrhunderte später erreichte die Glasmacherkunst bei den Ägyptern einen ersten Höhepunkt.
Durchsichtiges Glas für Linsen konnte man erst im 14./15. Jahrhundert aus reinem Quarzsand herstellen. In dieser Zeit hatte man gelernt, glühender Holzkohle mit einem Blasebalg so viel Luft zuzuführen, dass Temperaturen von 1 500 °C erreicht wurden. Aus solchen Linsen wurden die ersten Brillengläser gefertigt.

Brennlinsen. Naturforscher benutzten im 17. und 18. Jahrhundert immer größere Linsen, um mit diesen möglichst viel Sonnenenergie zu konzentrieren. Mit solchen Brennlinsen konnten sie wesentlich höhere Temperaturen erreichen als beim Verbrennen von Holzkohle. Bei Versuchen mit Brennlinsen (Bild 3) entdeckte *E. W. v. Tschirnhaus* im Winter 1693/94 die Möglichkeit, braunes Porzellan herzustellen. Zum Gießen und Schleifen der Linsen gründete er um 1700 in Dresden eine Glasmanufaktur und eine Poliermühle für Linsen . Mit einer doppelten Brennlinse erreichte *A.-L. Lavoisier* so hohe Temperaturen, dass er einen Diamanten anzünden und verbrennen konnte (Bild 2). Alchemisten nutzten Brenngläser, um mit ihnen Stoffe in verschlossenen Glasgefäßen zu entzünden. In den Salons jener Zeit wurde es bald Mode, technische Spielzeuge als Schmuckgegenstände aufzustellen.
Wie funktionierte wohl die „Mittagskanone" im Bild 1?

Bild 1: Mittagskanone

Herstellung von optischen Gläsern. Die in jener Zeit hergestellten Brennlinsen wiesen viele Fehler auf, weil man Glas noch nicht blasen- und schlierenfrei schmelzen konnte. Bei Linsen für Brenngläser konnte man das noch hinnehmen, bei Linsen für Fernrohre und Mikroskope aber nicht. Noch störender war der Farbfehler von Linsen, die chromatische Aberration. Deshalb war es ein großer Fortschritt, als es dem Londoner Optiker *J. Dollond* um 1755 gelang, die chromatische Aberration zu vermindern. Die Lösung fand er in achromatischen Linsensystemen. Für die Linsenkombination aus Sammellinse und Zerstreuungslinse brauchte er zwei Glassorten, die das Licht unterschiedlich stark brechen. Bei seinem Suchen nach solchen Glassorten gab er in die Schmelze für Gebrauchsglas unterschiedliche Metalloxide. Schließlich konnte er die ersten Linsen aus bleifreiem Kronglas beziehungsweise aus bleihaltigem, stärker brechendem Flintglas herstellen.

Bild 3: Diese große Brennlinse wurde um 1700 von *Tschirnhaus* in Dresden geschaffen. Sie ist eine der größten, jemals aus einem einzigen Glasblock geschliffenen Linsen. Ihr Durchmesser beträgt 790 mm.

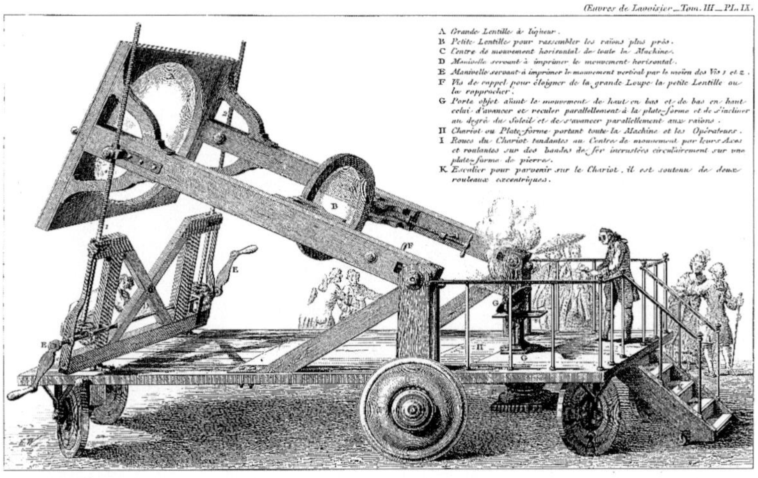

Bild 2: Brennlinsen von *Lavoisier* für chemische Experimente

Ab 1806 wurde die Glashütte im ehemaligen Kloster Benediktbeuren das führende Zentrum für die Herstellung von optischen Gläsern. Unter Leitung von *J. v. Utzschneider* und *J. v. Fraunhofer* wurden systematisch Versuche zu Art und Menge der Zuschlagstoffe durchgeführt, um optische Gläser mit vorher festgelegten Eigenschaften zu erhalten. Zugleich nutzten sie einen 1790 von einem Schweizer erfundenen Rührer aus gebranntem Ton. Mit diesem konnten sie die heiße Glasschmelze umrühren, ohne dass sich der Rührer im Glas auflöste. Durch das neue Verfahren gelang es ihnen, die Schmelze so gleichmäßig durchzurühren, dass erstmals vollkommen blasen- und schlierenfreies Glas entstand. Auch den Schleifvorgang der Linsen haben sie wesentlich verbessert. So konnte in der Folgezeit die Werkstatt von *Fraunhofer* mit ihren Fernrohren weltberühmt werden.

Linsenherstellung. Mitte des 19. Jahrhunderts gründete *C. Zeiß* in Jena seine erste Werkstatt (Bild 1). Er beschäftigte sich vor allem mit der Herstellung von Mikroskopen.
Die Arbeiten begannen mit dem Zurichten von Linsenrohlingen. Dafür wählte man Flachglasscheiben mit einer geringfügig größeren Dicke, als sie die fertigen Linsen bekommen sollten. Auf den Scheiben riss man Quadrate an, deren Seiten dem Durchmesser der Linsen entsprachen. Die Quadrate „bröckelte" man mit einer Zange in Plättchen und kittete sie zu Säulen zusammen. Nachdem man diese auf einer rotierenden Planscheibe zu Säulen mit kreisförmigem Querschnitt rondiert hatte, entkittete man die Plättchen, und nach einer Reinigung erhielt man die Linsenrohlinge.
Auf fußgetriebenen Schleif- und Poliermaschinen schliff man den auf einem Tragekörper festgekitteten Rohling zunächst in seine Linsenform. Als Werkzeuge nutzte man eiserne Schleifschalen, Schleifkörper und Schleifscheiben. Als Schleifmittel diente eine Mischung aus Sand, Aluminiumoxid aus Griechenland und Wasser. Das Schleifen einer Linse erforderte etwa 20 Minuten, für das anschließende Polieren, bei dem die Linsenoberflächen ihre Durchsichtigkeit erhielten, brauchte man fast 2 Stunden. Poliert wurde auf einer Unterlage aus Pech und Harzen mit einer Lösung aus Polierrot (einem Eisenoxid) und Wasser.

Bild 1: Zeiss-Werkstatt von 1866

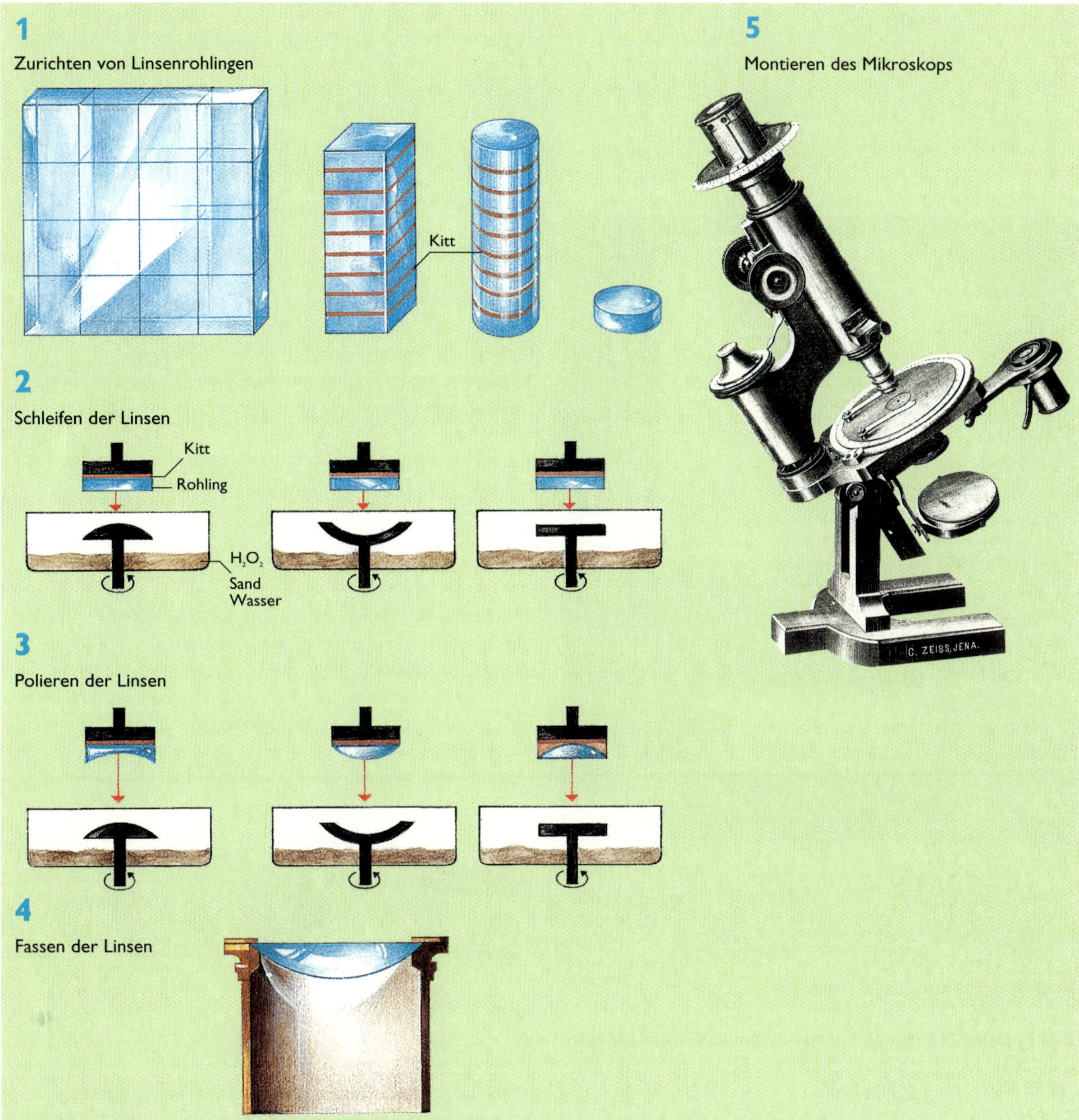

Bild 1: Arbeitsgänge bei der Herstellung eines Zeiss-Mikroskops im 19. Jahrhundert

Der nächste Arbeitsplatz war die Fasserbank. Auf ihr wurden die Linsen zu Objektiven und Okularen in Messing eingefasst. Zuletzt wurden auf dem Montageplatz die optischen und die mechanischen Bauteile zu Mikroskopen zusammengesetzt.

Im Jahre 1882 begannen *C. Zeiß*, der Physiker *E. Abbe* und der Glasmacher *O. Schott* mit der Herstellung neuer optischer Spezialgläser. Nach etwa 225 Versuchsreihen fanden sie zwei Glassorten, die die Herstellung von vollkommen achromatischen Linsensystemen ermöglichte. Dies begründete den Weltruhm der in den Zeiss-Werken hergestellten optischen Geräte. Heute gibt es etwa 250 verschiedene optische Gläser.

2 Abbilden mit Linsen

In optischen Geräten werden mit Linsen von Gegenständen Bilder erzeugt. Wie kommen diese zustande? Wovon hängen Ort, Größe und Helligkeit der Bilder ab?

Bild 1

Experimente und Beobachtungen

Zu Eigenschaften der Bilder

Experiment 1: Erzeuge mit einer Sammellinse a) das Bild von einem Fenster auf einer Zimmerwand und b) das Bild von einer Kerze auf einem Bildschirm.
Welche Eigenschaften haben diese Bilder?
Experiment 2: Wie verändert sich die Größe des Bildes, wenn man den Gegenstand näher an die Linse heranbringt oder ihn weiter von ihr entfernt?
Erzeuge dazu von einer Kerze, einem durchleuchteten Dia und einem durchleuchteten L ein Bild.
Experiment 3: In welcher Entfernung von der Linse muss sich ein Gegenstand befinden, damit sein Bild
a) eine maximale Größe erreicht,
b) genauso groß ist wie der Gegenstand selbst,
c) sehr klein ist?
Gib die Entfernung des Gegenstandes jeweils im Vergleich zur Brennweite der Linse an.

Experiment 4: Wiederhole die Experimente 2 und 3 mit Sammellinsen anderer Brennweiten. Wie ändern sich jeweils Größe und Abstand des Bildes von der Linse?
Experiment 5: Was ändert sich, wenn du die Sammellinsen bei den Experimenten 2 bis 4 gegen Zerstreuungslinsen auswechselst?
Experiment 6: Unter welchen Bedingungen kann man auch mit einer Sammellinse aufrechte Bilder sehen?

Zur Helligkeit von Bildern

Experiment 7: Wie ändert sich der Querschnitt und damit die Beleuchtungsstärke eines Lichtbündels in doppelter beziehungsweise dreifacher Entfernung von der Glühlampe?
Baue das Experiment nach Bild 2 auf. Bestimme die Maße des Lichtbündels, das durch die Öffnung des Blendrahmens hindurchgeht.
Warum empfiehlt es sich, die Lampe ohne Linse zu benutzen?

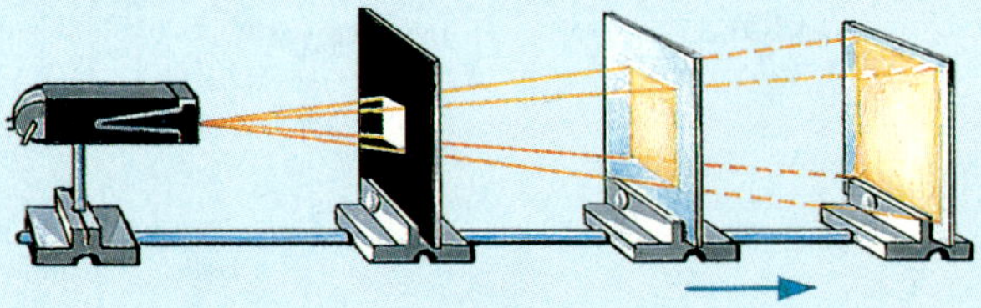

Bild 2

Experiment 8: Wie beeinflussen Durchmesser und Brennweite einer Linse die Helligkeit des erzeugten Bildes?
Erzeuge auf weißem Papier das Bild von einem Fenster. Benutze dazu aus der Sammlung
a) Linsen mit gleichen Durchmessern der Linsenfassungen, aber verschiedenen Brennweiten,
b) Linsen mit gleichen Brennweiten, aber verschiedenen Durchmessern der Linsenfassungen.

Zur Untersuchung der Lichtmenge

Experiment 9: Wie oft wird ein Lichtstrahl gebrochen bzw. reflektiert, der a) schräg auf eine planparallele Glasplatte und b) auf eine Linse auftrifft?

Experiment 10: Vergleiche mit einem Fotowiderstand die an verschiedenen Orten ankommenden Lichtmengen. Nutze dazu die Experimentieranordnung nach Bild 1. Achtung: Wähle anfangs am Strommesser einen großen Messbereich!

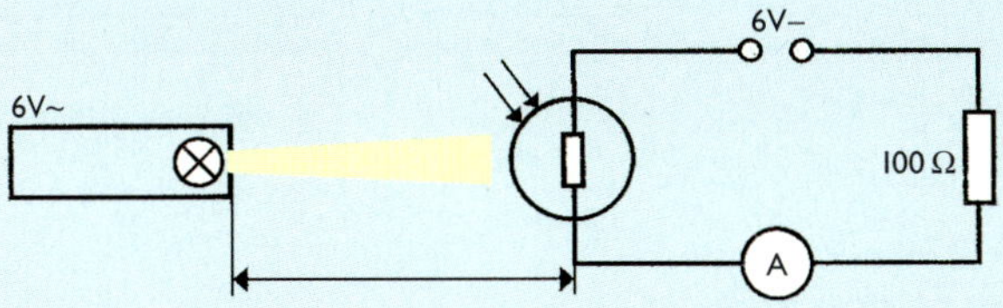

Bild 1

Experiment 11: Wie ändert sich die ankommende Lichtmenge, wenn man in den Lichtweg
a) verschieden dicke Glaskörper und
b) gleich dicke Körper aus verschiedenen Stoffen bringt?

Experiment 12: Vergleiche die Lichtmengen, die an verschiedenen Glasoberflächen reflektiert werden. Benutze zum Beispiel
a) ein sauberes Dia-Glas,
b) ein dünn mit Margarine oder ähnlichen Stoffen eingeriebenes Dia-Glas.
Hinweis: Die Länge des Lichtweges muss immer gleich bleiben.

Zur Wirkung von Blenden

Experiment 13: Erzeuge mit einer Sammellinse das Bild eines Gegenstandes.
a) Welche Veränderung im Bild erwartest du, wenn du die obere, untere, linke oder rechte Hälfte der Linse mit Papier verdeckst?
b) Überprüfe deine Erwartungen.
c) Denke dir noch weitere Formen von Blenden aus.

Aufgaben

1. Ein 4 cm großer Gegenstand (z. B. Pfeil) befindet sich 6 cm vor einer Linse mit der Brennweite $f = +25$ mm. Lege auf dem Gegenstand 4 Punkte 1 bis 4 fest.
   Konstruiere deren Bilder 1' bis 4' und damit das Bild des gesamten Gegenstandes.
2. Bilde für die farbigen Dreiecke und zwei weitere Dreiecke im Bild 2 mithilfe der Ähnlichkeitssätze und der Strahlensätze Proportionen, aus denen die Gleichung für den Abbildungsmaßstab und die Newton'sche Linsengleichung hergeleitet werden können.

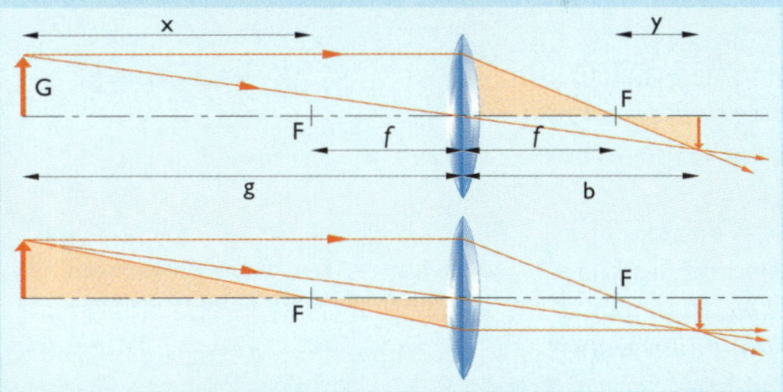

Bild 2: Zur Herleitung der Gleichungen für Linsen

3. Forme die Newton'sche Linsengleichung so um, dass du die Linsenschleiferformel erhältst.
4. Überprüfe experimentell für verschiedene Linsen die unter 2.2 angegebenen Gleichungen. Bereite für die Messwerte und für die Berechnungen geeignete Tabellen vor.
5. Berechne den Durchmesser des Sonnenbildes, das man mit Linsen der Brennweiten $f = +50$ mm, $f = +100$ mm und $f = +250$ mm erhält.
   Überprüfe die Ergebnisse experimentell.
6. Wie kannst du mit einer Linse ($f = +250$ mm) experimentell aus der Kenntnis des Monddurchmessers auch die Entfernung des Mondes bestimmen?
7. Das Bild eines Sternes bleibt auch bei Linsen mit sehr großer Brennweite stets nur ein Punkt. Warum?
8. Berechne von verschiedenen Linsen deren Lichtstärke. Mit welchen dieser Linsen kann man die hellsten Bilder erzeugen?
   Überprüfe die Voraussagen experimentell.
9. Auf den Objektiven zweier Diaprojektoren steht als Lichtstärke 1 : 4 bzw. 1 : 5,6. Mit welchem Diaprojektor kann man hellere Bilder erzeugen? (Die Glühlampen sollen die gleiche Leistung haben.)
10. Wie groß sind gewöhnlich die Lichtstärken der Objektive bzw. Okulare von Fotokameras, Fernrohren und Mikroskopen?
11. Gib durch die Konstruktion eines Bildes eine Erklärung dafür, weshalb der Ort und die Größe des Bildes vom Vorhandensein einer Blende unabhängig sind.
12. Baue dir eine Camera obscura. Untersuche die Abhängigkeit der Bildqualität
    a) vom Durchmesser der Lochblenden (noch ohne Linsen),
    b) vom Zusammenwirken der Brennweite und des lichtdurchlässigen Durchmessers der Linsen,
    c) vom Abstand des Gegenstandes.
    Zeichne die Bilder von verschiedenen Motiven.
13. Baue dir eine Camera obscura aus einem kleinen geschlossenen Karton.
    Bringe oben auf dem Karton über einer Öffnung eine Glasplatte an und innen einen Spiegel, sodass du das von der Linse erzeugte Bild auf ein Blatt Papier, das auf der Glasplatte liegt, umlenken kannst.

2.1 Wirkliche und scheinbare Bilder bei Linsen

Linsen können wirkliche und scheinbare Bilder erzeugen.

Wirkliche Bilder	Scheinbare Bilder
Wirkliche (reelle) Bilder sind Bilder, die man auf einem Bildschirm auffangen kann.	Scheinbare (virtuelle) Bilder kann man nur sehen, man kann sie nicht auf einem Schirm auffangen.

Konstruktion des Bildes von einem Punkt. Von jedem Punkt P eines Gegenstandes gehen eine Vielzahl von Lichtstrahlen aus. Für die zeichnerische Konstruktion seines Bildes P' benutzt man ein **geometrisches Modell.** In diesem beschränkt man sich allein auf die drei besonderen Lichtstrahlen: den **Parallelstrahl,** den **Mittelpunktstrahl** und den **Brennpunktstrahl.**
Zur Konstruktion des Bildes P' zeichnet man für zwei vom Punkt P ausgehende Strahlen die Brechung durch die Linse. Wo sie sich schneiden, entsteht das Bild P' vom Punkt P (Bild 1).

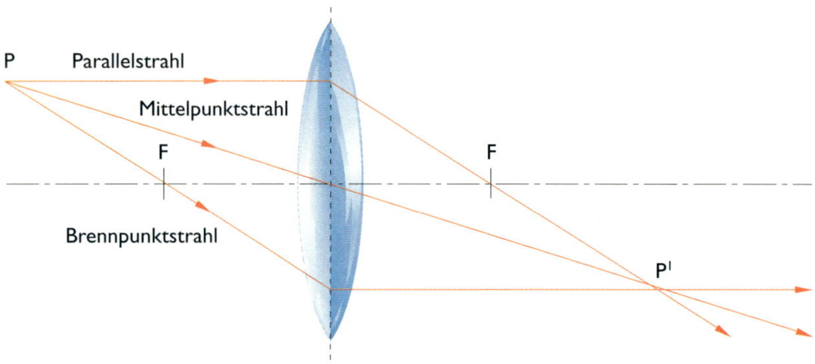

Bild 1: Für die Konstruktion des Bildes P' vom Punkt P benutzt man anstelle von allen drei besonderen Strahlen meistens nur zwei dieser Strahlen.

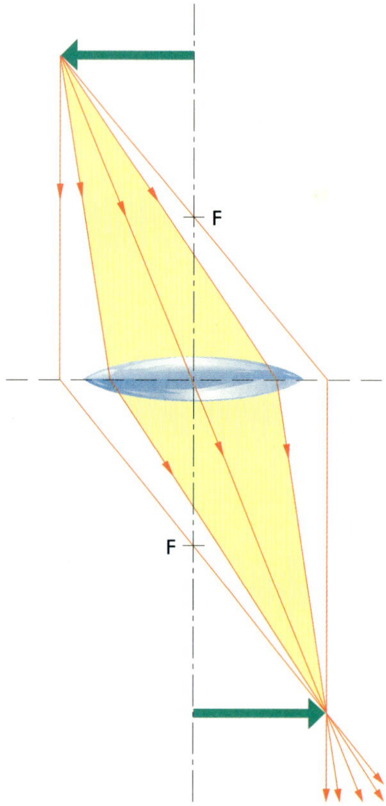

Bild 2: Im Modell darf auch mit Strahlen gearbeitet werden, die in Wirklichkeit nicht durch die Linse hindurchgehen.

Konstruktion des wirklichen Bildes eines Gegenstandes. Will man den Ort des Bildes von einem Gegenstand ermitteln, der senkrecht auf der optischen Achse steht, reicht es, den Bildpunkt der Spitze zu konstruieren und das Lot auf die Achse zu fällen.
Nach diesem Verfahren kann man auch das Bild eines Gegenstandes konstruieren, der viel größer ist als der Durchmesser der Linse. Für die Konstruktion des Bildes im Modell ist es unwichtig, ob zum Beispiel ein Parallelstrahl oder ein Brennpunktstrahl in Wirklichkeit durch die Linse gehen könnte oder nicht. Im Modell erfolgt die Brechung dieser Strahlen dann eben an der verlängerten Hauptebene der Linse (Bild 2).
In Wirklichkeit entsteht zum Beispiel der Bildpunkt der Pfeilspitze allein durch die Vielzahl der rot gezeichneten Strahlen, die tatsächlich durch die Linse gehen.

Konstruktion des scheinbaren Bildes eines Gegenstandes. Befindet sich der Gegenstand innerhalb der Brennweite der Sammellinse, entsteht kein wirkliches Bild, denn die von der Pfeilspitze ausgehenden Strahlen schneiden sich nach dem Durchgang durch die Linse nicht mehr (Bild 3). Blickt das Auge durch die Linse zum Gegenstand, sieht es jedoch ein scheinbares Bild. Scheinbare Bilder erhält man konstruktiv durch die rückwärtige Verlängerung der von der Linse gebrochenen Strahlen. Das Auge sieht solche Bilder, weil es aus Erfahrung den Herkunftsort der Lichtstrahlen in deren geradliniger, rückwärtiger Verlängerung annimmt.

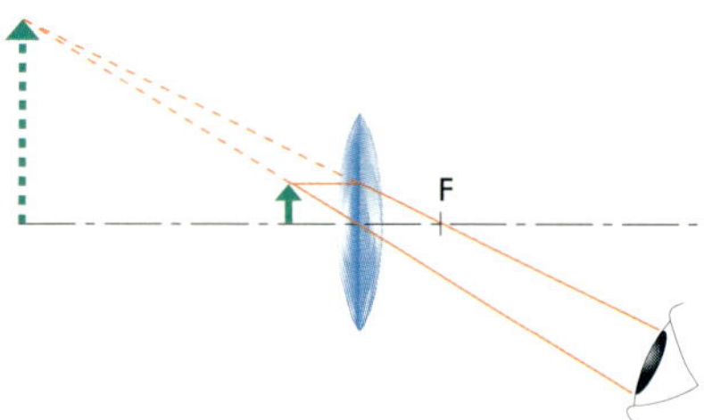

Bild 3: Die rückwärtige Verlängerung der Strahlen und das entstehende scheinbare Bild werden im Modell gestrichelt gezeichnet.

Art, Ort und Größe der von Linsen erzeugten Bilder

Reelle Bilder mit Sammellinsen

Befindet sich der Gegenstand **außerhalb der Brennweite,** erzeugt eine Sammellinse von dem Gegenstand ein **reelles, Kopf stehendes und seitenvertauschtes Bild.**

Wenn sich der Gegenstand G (1, 2, 3) auf die Linse zubewegt, bewegt sich das Bild B (1', 2', 3') von der Linse weg und wird größer.

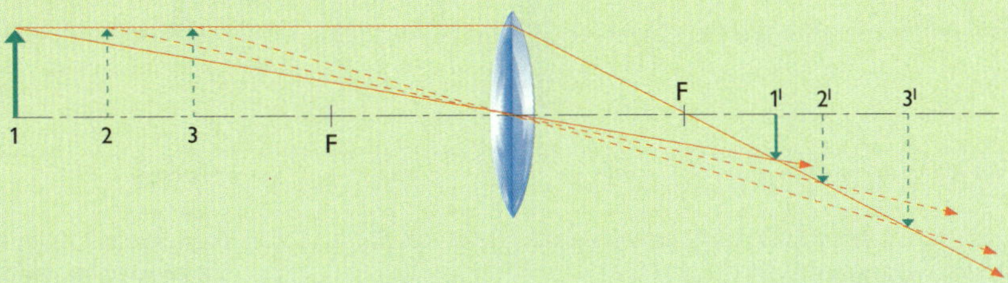

Scheinbare Bilder mit Sammellinsen

Befindet sich der Gegenstand **innerhalb der Brennweite,** erzeugt eine Sammellinse von dem Gegenstand ein **scheinbares, vergrößertes, aufrechtes und seitengerechtes Bild.**

Wenn sich der Gegenstand G von der Linse zum Brennpunkt hinbewegt, bewegt sich das scheinbare Bild B von der Linse weg und wird größer.

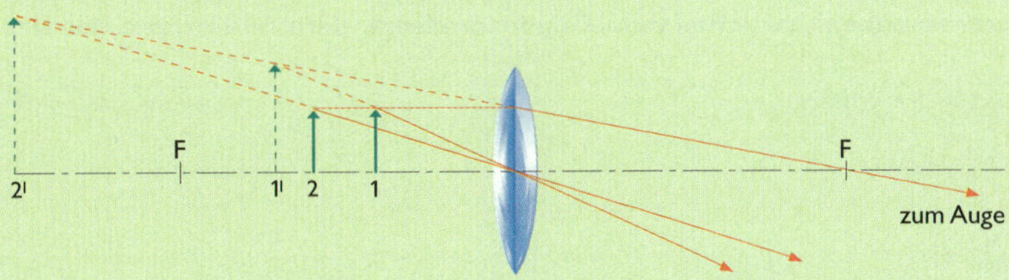

Scheinbare Bilder an Zerstreuungslinsen

An einer Zerstreuungslinse entsteht stets ein **scheinbares, verkleinertes, aufrechtes und seitengerechtes Bild.**

Wenn sich der Gegenstand G von der Linse entfernt, werden die Bilder immer kleiner.

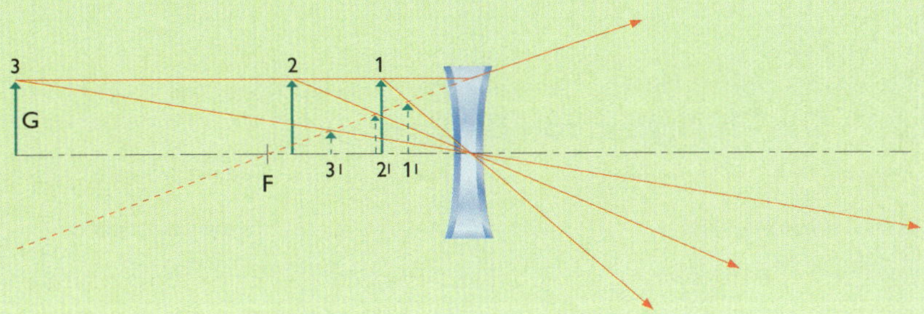

2.2 Berechnung von Ort und Größe des Bildes

Physikalische Größen zur Angabe von Ort und Größe des Gegenstandes und Bildes

Gegenstandsweite *g*: Abstand des abzubildenden Gegenstandes von der Hauptebene der Linse

Bildweite *b*: Abstand des Bildes von der Hauptebene der Linse

Gegenstandsgröße *G*: Größe des Gegenstandes

Bildgröße *B*: Größe des Bildes

Sehwinkel α: Winkel, dessen Schenkel den Gegenstand (oder das Bild) völlig einschließen und dessen Scheitel im Auge liegt

Vergleich von Bildgröße und Gegenstandsgröße

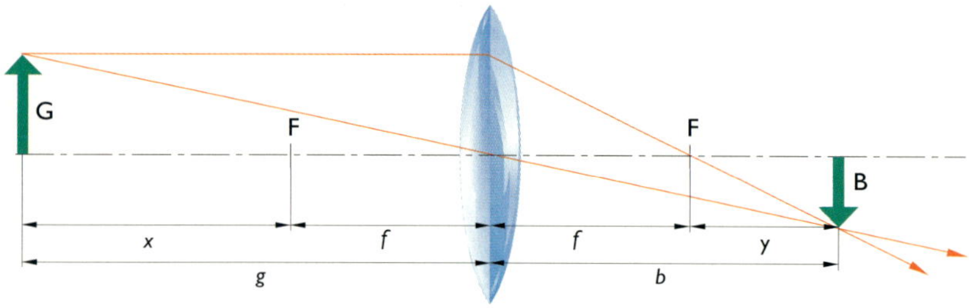

Bild 1

Abbildungsmaßstab β	Vergrößerung V
Der Abbildungsmaßstab β gibt an, wievielmal größer das Bild B als der Gegenstand G ist. Gleichung 1: $\beta = \frac{B}{G}$ Gleichung 2: $\beta = \frac{f}{g-f}$	Die Vergrößerung V gibt an, wievielmal größer der Sehwinkel α_{mit} mit Linse ist als der Sehwinkel α_{ohne} ohne Linse. Gleichung 3: $V = \frac{\alpha_{mit}}{\alpha_{ohne}}$

Zusammenhang zwischen dem Gegenstandsort, dem Bildort und der Brennweite der Linse

Linsenschleiferformel	Newton'sche Linsengleichung
Gleichung 4: $\frac{1}{f} = \frac{1}{g} + \frac{1}{b}$	Gleichung 5: $x \cdot y = f^2$ mit $x = g - f$ und $y = b - f$

Ergibt sich für b oder y ein negativer Wert, so ist das entstehende Bild ein scheinbares Bild. Es entsteht auf derselben Seite, auf der sich der Gegenstand befindet.

2.3 Die Helligkeit von Bildern

Beleuchtungsstärke $\sim D^2$	Beleuchtungsstärke $\sim \frac{1}{f^2}$
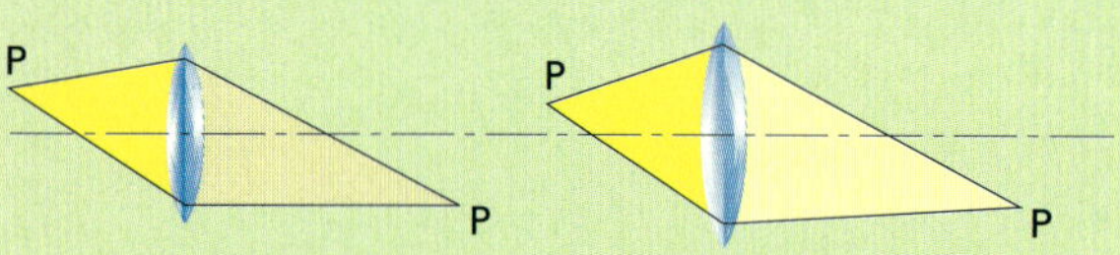 Die durch die Linse hindurchtretende Lichtmenge wächst mit dem Quadrat des Linsendurchmessers D.	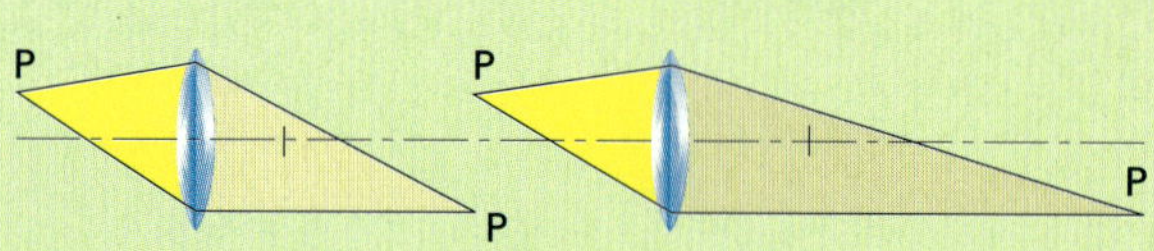 Die Beleuchtungsstärke sinkt mit dem Quadrat der Entfernung des Bildes von der Linse. Diese Entfernung wächst mit der Brennweite f'.

Diese zwei Zusammenhänge kann man so zusammenfassen: **Beleuchtungsstärke** $\sim \frac{D^2}{f^2}$ **bzw.** $\sim \left(\frac{D}{f}\right)^2$

Beleuchtungsstärke von Bildern. Die Beleuchtungsstärke (die Helligkeit) eines Bildes hängt davon ab, wie viel Licht je Sekunde auf jedem Quadratzentimeter des Schirms auftrifft. Bei feststehender Entfernung des Gegenstandes von der Linse hängt die Beleuchtungsstärke eines Bildes allein vom Durchmesser D und von der Brennweite f der Linse ab.

Lichtstärke von Linsen. Bei festem Abstand des Gegenstandes von der Linse hängt die Beleuchtungsstärke seines Bildes allein vom Quotienten aus dem Durchmesser D und der Brennweite f der Linse ab. Man bezeichnet diesen Quotienten als Lichtstärke der Linse: **Lichtstärke =** $\frac{D}{f}$.

Für eine Linse mit einem Durchmesser von D = 18 mm und einer Brennweite von f = 50 mm ergibt sich als Lichtstärke der Wert 0,36. Dieser Wert sagt nicht viel. Es ist üblich, den Quotienten nach einer Umformung wie folgt anzugeben:

$$\text{Lichtstärke} = \frac{D}{f} = \frac{18\text{ mm}}{50\text{ mm}} = \frac{1}{\frac{50\text{ mm}}{18\text{ mm}}} = \frac{1}{2{,}8\text{ mm}} = 1 : 2{,}8.$$

Bei optischen Geräten ist die Lichtstärke der Linsen im Objektiv bzw. Okular zusammen mit der Brennweite auf der Linsenfassung eingraviert. Je kleiner die Zahl nach der 1 ist, desto größer ist die Lichtstärke der Linse und desto heller das Bild.

Oberflächenvergütung von Linsen. Trifft ein Lichtstrahl auf eine gewöhnliche Linse, wird das Licht nicht nur gebrochen, ein beträchtlicher Teil wird mehrfach reflektiert und absorbiert (verschluckt). Dadurch würden bis zu 8 % des Lichtes für die Bilderzeugung verloren gehen. Die Lichtstärke eines Foto-Objektivs aus vielen Einzellinsen würde sich enorm verschlechtern. Um die Reflexion zu vermindern (auf 1 %), werden auf die Oberflächen von hochwertigen Linsen bläulich schimmernde Schichten aus Metalloxiden aufgedampft. Die Oberfläche solcher Linsen sollte man nur mit einem feinen Pinsel vom Staub befreien.

Blenden. Blenden vor der Linse verändern den Durchmesser des lichtdurchlässigen Teils der Linse. Sie beeinflussen u. a. die Lichtstärke der Linse, also die Helligkeit des Bildes. Dagegen sind Ort und Größe des Bildes von Blenden unabhängig.

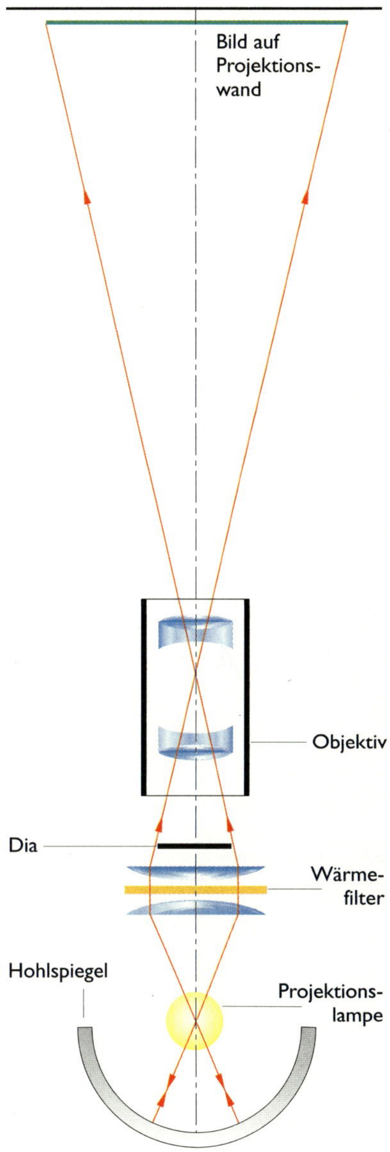

Bild 1: Bilderzeugung im Diaprojektor. Welche Funktion haben die einzelnen Teile?

2.4 Projektoren heute und damals

Bild 1 zeigt wesentliche Teile für die Bilderzeugung in einem Diaprojektor. In modernen Geräten können ein automatisches Wechseln und Scharfeinstellen der Dias, das Überblenden der Dias beim Bildwechsel und das Übertragen des Bildes auf den Bildschirm des Fernsehgerätes hinzukommen. Darüber hinaus gibt es Stereo-Projektoren.

Die ersten Bilder von der Sonne und von Gebäuden erzeugte man mit einem kleinen Loch in der Wand eines verdunkelten Raumes (lat. camera obscura).

Das Loch erzeugte auf der ihm gegenüberliegenden Wand ein seitenverkehrtes, Kopf stehendes Bild. Bei kleinem Loch war das Bild zwar sehr scharf, aber zu lichtschwach. Vergrößerte man das Loch, wurde das Bild unscharf. Um 1550 entdeckte man, dass sich das Bild verbessert, wenn man statt des Loches eine Sammellinse und eine Blende einbaut. Durch den Einbau eines Spiegels schuf man 1573 eine bequeme Kamera mit aufrecht stehendem, aber seitenvertauschtem Bild. 1620 gab *J. Kepler* an, wie man eine handliche tragbare Kamera zum Zeichnen von Landschaften nach der Natur bauen kann. Die Maler nutzten eine tragbare Kiste, deren Rückwand sie mit Leinen bespannten. Darauf zeichneten sie die Umrisse der hell beleuchteten Landschaften. Zu Hause vollendeten sie auf der umgekehrten Leinwand das Bild mit Farbe.

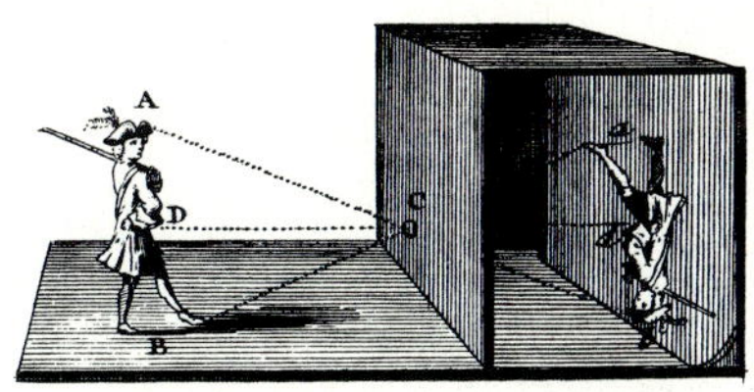

Bild 2: Camera obscura (17. Jh.)

3 Spiegel

Spiegel dienen nicht nur als Wand- oder Handspiegel. In vielen optischen Geräten nutzt man ihre Vorzüge gegenüber Linsen.
Welche sind das?

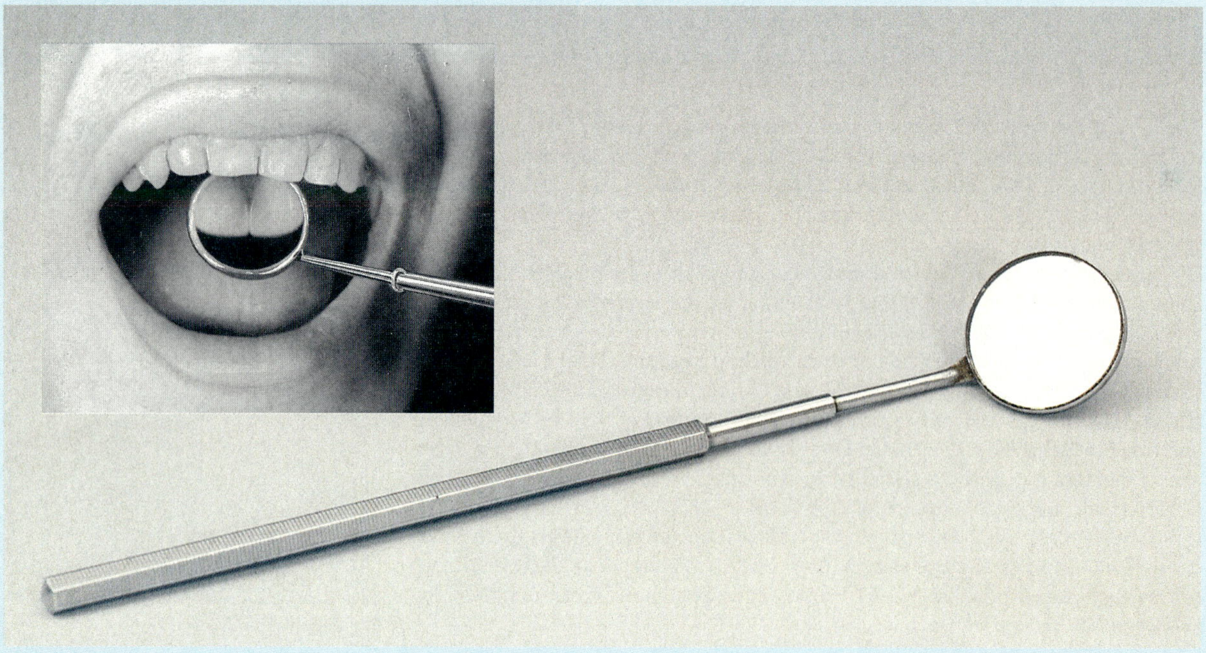

Bild 1, 2, 3, 4

Experimente und Beobachtungen

Zur Reflexion des Lichtes

Experiment 1: Wie reflektieren Hohlspiegel Licht? Welche Spiegel (Experimentierspiegel, Kosmetikspiegel, Rasierspiegel, Spiegel von Mikroskopen, Zahnarztspiegel, Autospiegel) sammeln beziehungsweise zerstreuen das Licht? Bestimme die Brennweite einiger Spiegel.

Experiment 2: Lege einen Hohlspiegel auf ein Blatt Papier, zeichne seinen Umriss und trage die optische Achse ein.
a) Bestimme den Brennpunkt F und kennzeichne diesen. Der Mittelpunkt M befindet sich in der doppelten Brennweite.
b) Wie reflektiert der Hohlspiegel achsennahe Parallelstrahlen, Brennpunktstrahlen und Mittelpunktstrahlen (Bild 1)?

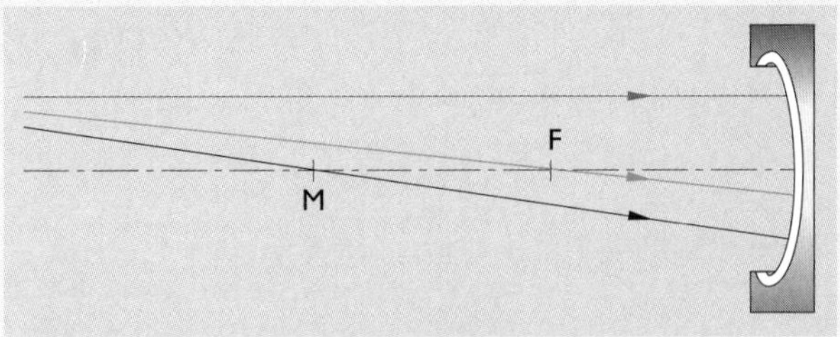

Bild 1

Experiment 3: Wie reflektieren Wölbspiegel Licht und welche Bilder erzeugen sie? Wiederhole dazu Experiment 2 mit einem Wölbspiegel.

Experiment 4: Vergleiche mit der Experimentieranordnung im Bild 2, S. 12, die Lichtmengen, die verschiedene Spiegel und spiegelnde Flächen reflektieren.

Zu den Bildern

Experiment 5: Welche Bilder erzeugen Hohlspiegel? Erzeuge auf der Zimmerwand neben dem Fenster oder auf einer weißen Pappe das Bild von Gegenständen in der Natur. Suche dir einzeln stehende Dinge vor dem bewölkten Himmel oder vor einer Wasserfläche aus.

Experiment 6: Bestimme die Brennweite von einem Hohlspiegel.
Welche Bilder entstehen, wenn sich der gespiegelte Gegenstand
a) innerhalb der Brennweite und
b) außerhalb der Brennweite befindet?

Experiment 7: Welche Eigenschaften haben Bilder von Wölbspiegeln?

Experiment 8: Welche Gegenstände aus dem täglichen Leben (Vasen, Weihnachtsbaumschmuck, verformbare Blechdeckel u. a.) wirken wie Hohl- oder Wölbspiegel? Welche Bilder erzeugen sie?
Begründe deine Beobachtungen.

Zu Fehlern bei Spiegelbildern

Experiment 9: Untersuche, ob es bei Hohlspiegeln eine sphärische und chromatische Aberration gibt?

Experiment 10: Untersuche an verschiedenen Spiegeln und an spiegelnden Flächen, wovon es abhängt, ob es eine doppelte Spiegelung gibt.

Aufgaben

1. Baue aus verschiedenen gut reflektierenden und leicht zu verbiegenden Materialien ein Spiegelkabinett auf.
2. Baue dir einen Tripelspiegel. Befestige dazu drei ebene Spiegel so, dass die spiegelnden Flächen eine räumliche Ecke bilden. Richte einen Lichtstrahl aus verschiedenen Richtungen auf diesen Tripelspiegel. In welche Richtung wird der Lichtstrahl jeweils reflektiert?
3. Betrachte Deckengemälde in hohen Gebäuden (Kirchen, Konzerthallen, Bahnhöfen) mit verschiedenen Spiegeln. Was fällt dir am Spiegelbild auf und wie kann man die Beobachtung erklären?
4. Stelle ein gut spiegelndes Gefäß auf Papier. Zeichne auf das Papier Muster, die erst im Spiegelbild ihr gewohntes Aussehen zeigen. Lass nach dem Entfernen des Gefäßes die Muster von Mitschülern erraten.
5. Was versteht man bei Pkw unter einem asphärischen Außenspiegel? Welche Vor- und Nachteile haben sie?
6. Konstruiere für einen Hohlspiegel das Bild von einem Gegenstand, der sich a) innerhalb und b) außerhalb der Brennweite befindet. Prüfe, ob die Gleichungen für Linsenbilder sinngemäß auch für Spiegelbilder gelten.
7. Versuche die in Aufgabe 6 gefundenen Gleichungen geometrisch zu beweisen?
8. Gestalte ein Poster zur Nutzung von Spiegeln in der Innen- und Außenarchitektur.
9. Warum haben die Astronauten zum Bestimmen der Entfernung Erde–Mond mit einem Laserstrahl auf dem Mond einen Tripelspiegel aufgestellt?
10. Welche Eigenschaften haben die Spiegelbilder, die man auf dem Auge eines Menschen sieht?

3.1 Wirkliche und scheinbare Bilder bei Spiegeln

Spiegelarten. Außer den bekannten ebenen Spiegeln gibt es auch sphärische Spiegel und Parabolspiegel.

Sphärische Spiegel	Parabolspiegel
Sphärische Spiegel könnten Teil einer Kugelfläche sein, deren Innen- oder Außenfläche verspiegelt ist.	Parabolspiegel könnten Teil einer Oberfläche sein, die bei Rotation einer Parabel entsteht.

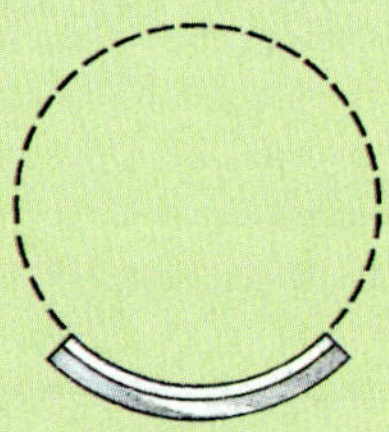

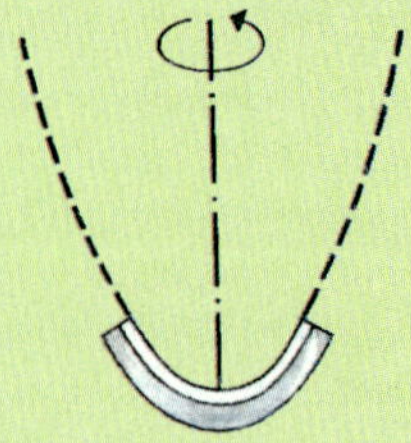

Reflexion von Parallel- und Brennpunktstrahlen. Spiegel reflektieren Licht.

Hohlspiegel	Wölbspiegel
Hohlspiegel haben einen wirklichen Brennpunkt F.	Wölbspiegel haben einen scheinbaren Brennpunkt F'.
Achsennahe Parallelstrahlen werden als Brennpunktstrahlen reflektiert. Brennpunktstrahlen werden als Parallelstrahlen reflektiert.	

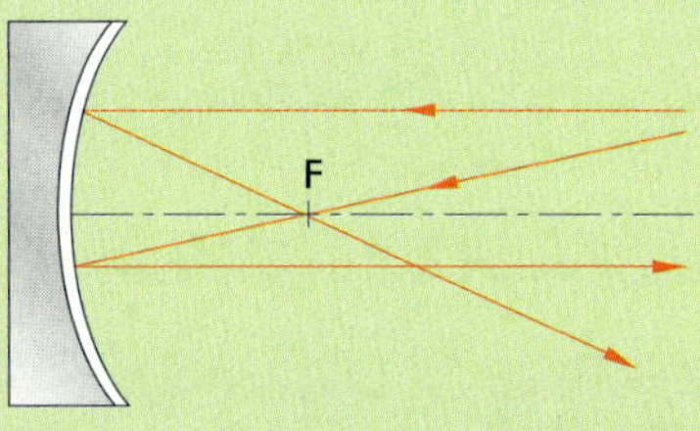

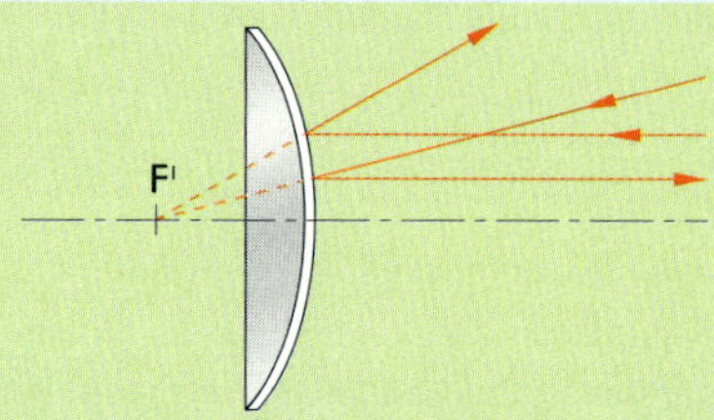

Bildentstehung an Hohl- und Wölbspiegeln. Die an Spiegeln entstehenden Bilder können wie bei Linsen mithilfe der von einem Gegenstand ausgehenden Brennpunkt- und Parallelstrahlen konstruiert werden.

Hohlspiegel	Wölbspiegel
Befindet sich der Gegenstand innerhalb der Brennweite, entsteht ein aufrechtes und vergrößertes scheinbares Bild. Anwendung: Rasierspiegel	Unabhängig von der Entfernung des Gegenstandes entstehen nur aufrechte und verkleinerte scheinbare Bilder. Anwendung: Auto-Rückspiegel
Befindet sich der Gegenstand außerhalb der doppelten Brennweite, entsteht ein umgekehrtes, verkleinertes wirkliches Bild. Anwendung: Fernrohrspiegel	

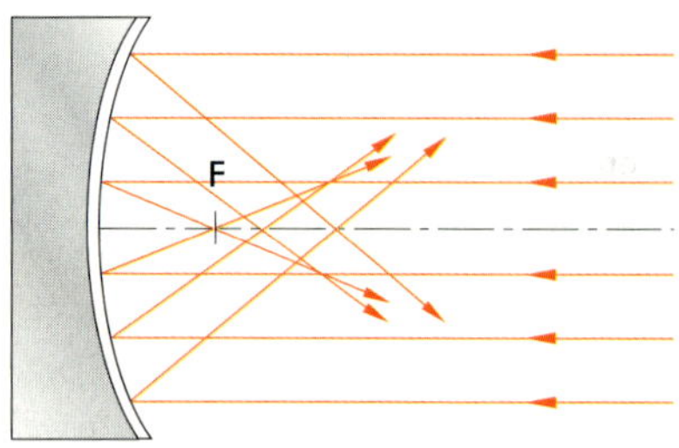

Bild 1: Sphärischer Hohlspiegel

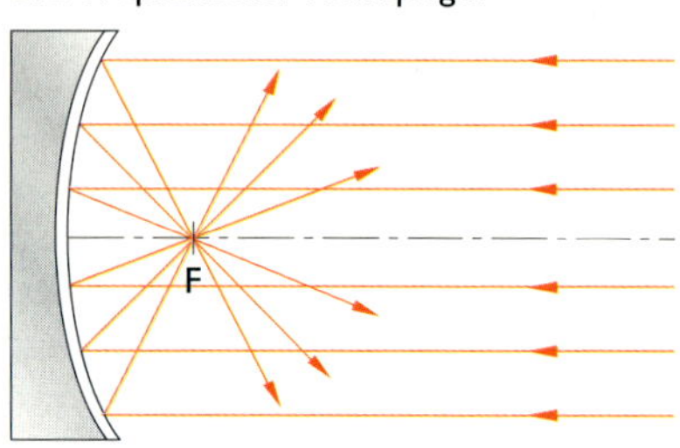

Bild 2: Parabolspiegel

Spiegelfehler. Bei *sphärischen Hohlspiegeln* schneiden sich nur achsennahe parallele Strahlen im Brennpunkt. Fallen breite Lichtbündeln auf sie ein, so tritt **sphärische Aberration** auf. Sie führt zur Unschärfe der Spiegelbilder (Bild 1).
Bei *Parabolspiegeln* schneiden sich auch achsenferne Strahlen im Brennpunkt. Parabolspiegel zeigen **keine sphärische Aberration**. Daher benutzt man in optischen Geräten als Hohlspiegel meist Parabolspiegel (Bild 2).
Bei Spiegeln gibt es **keine chromatische Aberration**.

3.2 Spiegel in Kunst und Technik

Erste Metallspiegel. Polierte Metallspiegel nutzten wohlhabende Menschen schon im Altertum. Die Spiegel waren kostbar geschmückt, reflektierten aber noch wenig Licht. Um die Verbesserung der Metallspiegel machten sich besonders Physiker und Astronomen verdient. Sie wollten Spiegelfernrohre bauen und suchten nach Legierungen, die man gut bearbeiten und vor allem möglichst glatt polieren konnte. Denn davon hängt es ab, wie viel Licht sie reflektieren. Mehr als 55 % des einfallenden Lichtes zu reflektieren, erreichte man aber zunächst nicht.

Spiegelgalerien. Als man im 16. Jahrhundert mit dem Herstellen von Glasspiegeln begann, war dies sehr kostspielig. Nur Wohlhabende konnten sie bestellen. Der französische König *Ludwig* XIV. ließ 1684 die erste Spiegelgalerie bauen. Sie war die meisterlichste Schöpfung im Schloss Versailles. Der 72 m lange Festraum gab den grandiosen Rahmen für verschwenderische Feste am Hofe. Bald schmückten auch andere Königshäuser und Fürsten ihre Schlösser mit großen Spiegeln und ließen sie mit kostbaren Materialien in künstlerischer Vollendung umrahmen.

Bild 1: Rückseite der 5-m-Spiegelscheibe während der Arbeiten

Entwicklung der Spiegelherstellung. Bis ins 19. Jahrhundert fertigte man die gläsernen Spiegel mit giftigem Quecksilberamalgam. Siechtum und früher Tod waren die bitteren Folgen für die Arbeiter. Nach einem Aufenthalt in einer solchen Spiegelfabrik beschloss der junge deutsche Chemiker *J. v. Liebig* (1803 bis 1873), nach einem neuen Verfahren zu suchen. Im Jahre 1835 begann sich sein Verfahren durchzusetzen.
Zunächst werden die sorgfältig plan geschliffenen Scheiben gewaschen und mit einer Zinnlösung vorbehandelt. Das eigentliche Mittel zum Versilbern ist eine Silbersalzlösung. Unmittelbar vor dem Aufspritzen wird sie mit einer traubenzuckerhaltigen Lösung gemischt. *Liebig* verwendete dafür Rohrzucker. Dieser bewirkt, dass auf dem Glas das Silber in kleinen Kristallen als reines Metall ausfällt. Diese Kristalle vereinigen sich mit dem Zinn aus der Vorbehandlung zu einer fest am Glas haftenden Schicht. Es reicht eine Dicke von 0,000 5 mm.
Anschließend wird das Silber in einem ähnlichen Prozess mit einer Kupferschicht überdeckt. Dies begünstigt die fehlerfreie Spiegelbildung. Zum Schutz der Silberschicht wird diese dann noch mit einem dunklen Lack überzogen.
Heute verspiegelt man Glas auch, indem man unter Vakuum eine dünne Aluminiumschicht aufdampft.

Spiegel für Riesenteleskope. Der Spiegel des Riesenspiegelteleskops auf dem Mount Palomar hat einen Durchmesser von 5 m (Bild 2). Er wurde aus 17 t Glas gegossen. Die Abkühlung dauerte acht Monate. Dann wurde der gläserne Koloss auf der Vorder- und Rückseite plan geschliffen. Die Rückseite erhielt 36 Bohrungen zur Aufnahme der Arme des Auflagesystems. In einem dreimonatigen Schleifvorgang wurden 5 t Glas herausgeschliffen, bis der Spiegel annähernd parabolisch war. Nachdem er sein Ziel in 1 700 m Höhe erreicht hatte, wurde auf dem Mount Palomar eine Vakuumanlage gebaut. In dieser erhielt der Spiegel einen Aluminiumbelag. Ein aluminiumbedampfter Spiegel reflektiert fast 99 % des einfallenden Lichtes, ein Glasspiegel nur 95 % . Für den Spiegel hatte man das Glas nur als Unterlage der Aluminiumschicht gewählt, weil man Glas am besten schleifen kann.
Eines der größten Probleme für die Herstellung solcher Riesenspiegel für Fernrohre ist die Wärmeausdehnung des Glases. Man muss ein optisches Glas schmelzen, dessen Wärmeausdehnung so klein wie möglich ist. Ansonsten ändert sich bei jeder Temperaturänderung infolge des Öffnens der Kuppel über dem Fernrohr die Krümmung des Spiegels und damit die Schärfe seines Bildes. Heute nutzt man für solche Riesenspiegel anstelle von Glas einen keramischen Werkstoff, der bei diesen Temperaturänderungen keinerlei Wärmeausdehnung zeigt.

Bild 2: Der Spiegel nach dem Schleifen

4 Prismen im Lichtweg

Das untere Foto zeigt eine kleine Auswahl aus der großen Vielfalt von Prismen. Für viele optische Geräte sind sie unentbehrlich. Welche optischen Eigenschaften von Prismen nutzt man?

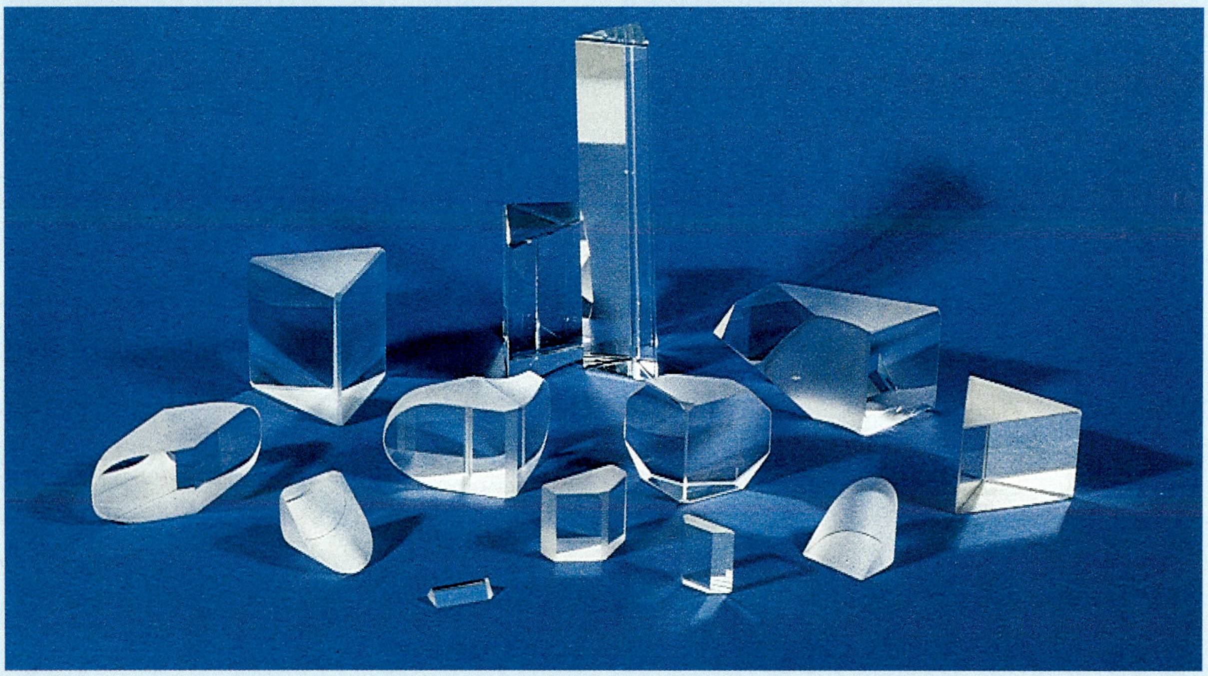

Bild 1,2

Experimente und Beobachtungen

Zum Lichtweg in Prismen

Experiment 1: Richte ein Lichtbündel auf verschiedene Prismen. Miss jeweils den Ablenkwinkel zwischen der ursprünglichen und der neuen Richtung des Lichtbündels.
Wovon könnte der Ablenkwinkel abhängen?
Plane mehrere Experimente, um deine Vermutungen zu überprüfen.
Experiment 2: Blende aus einem parallelen Lichtbündel mit Farbfiltern zwei verschiedenfarbige Lichtbündel aus.
Lass diese nacheinander senkrecht auf jede Grenzfläche eines 90°-Prismas fallen.
Zeichne in den Umriss des Prismas den Verlauf der Strahlen ein.
Wie ändert sich jeweils die gegenseitige Lage der Strahlen?

Zur Abbildung mit Prismen

Experiment 3: Setze zwei 90°-Prismen wie im Bild 1 zusammen und blicke damit auf die Zeilen eines Kopf stehenden Buches oder auf ein Kopf stehendes Bild.
Was siehst du?
Verdrehe anschließend das vordere Prisma um 90°.
Was siehst du jetzt?

Bild 1

Experiment 4: Betrachte verschiedene Objekte durch ein Halbwürfel-Prisma.
Welche Eigenschaften haben die Bilder?

Zur Dispersion

Experiment 5: Richte ein schmales Lichtbündel auf ein 60°-Prisma.
Verändere durch Drehen des Prismas den Einfallswinkel so lange, bis hinter dem Prisma auf weißem Papier das gebrochene Licht erkennbar wird. Dieses Farbband nennt man Spektrum.
Wie ändert sich das Spektrum, wenn man das Prisma um 180° dreht?
Experiment 6: Bringe eine Sammellinse in den Lichtweg hinter dem Prisma.
Was beobachtest du?

Zur Untersuchung von Spektren

Experiment 7: Bei welchem Einfallswinkel erhält man das schönste Spektrum?
Experiment 8: Kannst du das Licht von einer Spektralfarbe weiter aufspalten?
Blende aus dem Spektrum Licht einer Farbe aus und bringe in dieses farbige Licht ein zweites Prisma.
Experiment 9: Worin unterscheiden sich die Spektren und wovon könnte das abhängen?
Richte dazu
a) Sonnenlicht,
b) das Licht einer Glühlampe,
c) das Licht der Glühlampe bei verminderter Spannung,
d) das Licht einer Kerzenflamme,
e) das Licht einer Flamme, in der Salz verbrennt,
auf ein 60°-Prisma.

Aufgaben

1. Informiere dich in Physik-Lehrbüchern über die Bedingungen für das Eintreten der Totalreflexion.
2. Erkläre mithilfe der Farbzerlegung in Prismen, warum Linsenränder meist farbig aussehen.
3. Wie erklärst du dir das Glitzern der Glasbehänge an Kronleuchtern?
4. Worauf beruht das Funkeln von geschliffenen Diamanten? Informiere dich über die physikalischen Grundlagen des Diamantenschliffs.
5. Schaue durch ein Prisma auf eine Fläche mit Schwarzweißkontrasten.
   Was beobachtest du?

4.1 Anwendung von Prismen in optischen Geräten

Prismenarten		
Halbwürfelprisma	Pentagon-Prisma	Prismenkombination
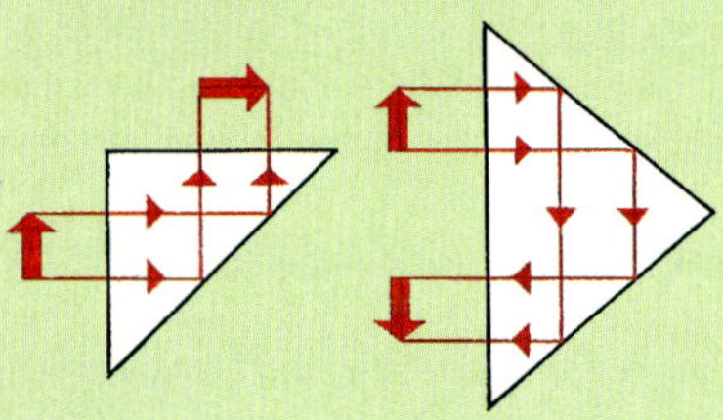	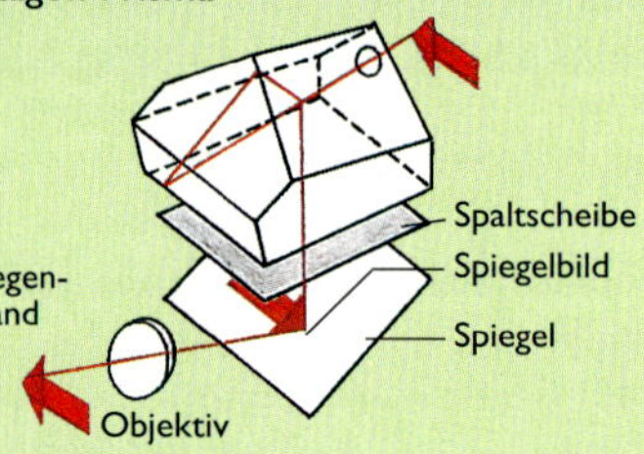 	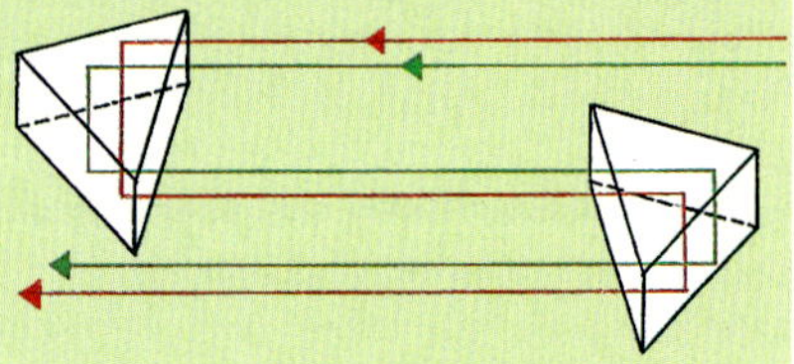
Wirkung		
Bilder werden um 90° bzw. um 180° gedreht.	Seitenvertauschte Bilder werden in seitengerechte Bilder umgekehrt.	Bilder werden vollständig umgekehrt.
Anwendungen		
Zenitprisma für Amateurfernrohre	Sucher einer Spiegelreflexkamera	Umkehrung des Bildes in einem Fernglas

Umkehrung von Bildern. Zur Ablenkung des Strahlengangs und zur Umkehrung von Bildern werden in optischen Geräten anstelle von Spiegeln meist totalreflektierende Prismen genutzt, weil diese das Licht zu 100% reflektieren.

Untersuchungen anhand von Spektren. Prismen spalten Licht in seine einzelnen Farbanteile auf. Die entstehenden Farbbänder heißen Spektren, die darin enthaltenen Farben **Spektralfarben.**
Die farbliche Zusammensetzung des Lichtes, das uns von einer Lichtquelle erreicht, hängt nicht nur von dem leuchtenden Stoff und dessen Temperatur ab, sondern auch von den Stoffen, die sich zwischen der Lichtquelle und dem Prisma befinden.

Arten von Spektren

Kontinuierliches Spektrum	Emissionsspektrum	Absorptionsspektrum
Glühende feste und flüssige Stoffe (Glühdraht, Schmelzen), leuchtende Gase unter hohem Druck (Gase im Sonneninneren)	Leuchtende Gase unter niedrigem Druck (Gasentladungslampen, elektrische Funken, verbrennende Stoffe)	Zwischen der Lichtquelle und dem Prisma befindet sich ein Stoff, der bestimmte Farbanteile verschluckt (absorbiert).
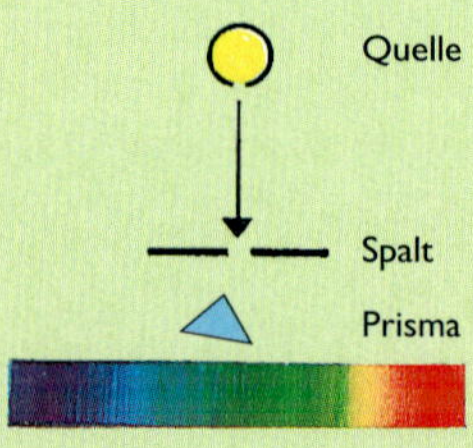 	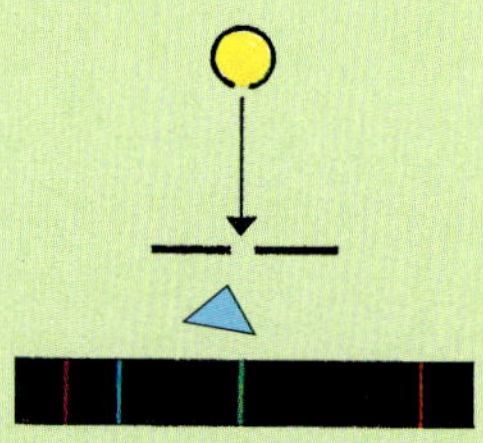	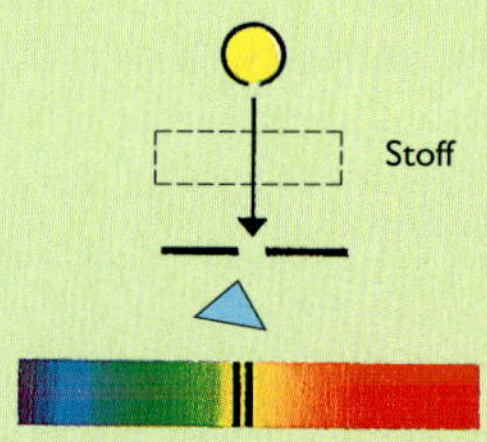
Die Spektralfarben gehen lückenlos ineinander über. Je höher (niedriger) die Temperatur der Lichtquelle ist, desto stärker ist der Anteil des blauen (roten) Lichtes.	Das Spektrum besteht nur aus einzelnen, deutlich voneinander getrennten farbigen Linien, den Spektrallinien. Jeder Stoff erzeugt andere Spektrallinien.	Das Spektrum enthält schwarze Linien. Sie entstehen durch die Absorption dieser Lichtanteile in dem zwischen Quelle und Prisma befindlichen Stoff.

4.2 Das Sonnenspektrum verrät den Aufbau der Sonne

***Fraunhofer* entdeckt 1814 zufällig das Absorptionsspektrum der Sonne.** *J. v. Fraunhofer* (1787 bis 1826) baute die besten Fernrohre seiner Zeit. Mit ihnen wurden viele neue Entdeckungen gemacht. Die Erfolge der Fraunhofer´schen Fernrohre beruhten darauf, dass er achromatische Objektive mit wesentlich größerer Lichtstärke herstellen konnte als die früheren Meister. Er erreichte Linsendurchmesser bis zu 25 cm, vorher galten 12 cm als Spitzenleistung.
Die Herstellung großer farbenfreier Objektive gelang *Fraunhofer*, weil er sich jahrelang mit der Brechung verschiedenfarbigen Lichtes in Linsen und Prismen beschäftigte. Hierfür suchte *Fraunhofer* nach einer Möglichkeit, die fast 160 mit dem Auge unterscheidbaren, im Spektrum aber lückenlos ineinander übergehenden Farben zu markieren. Bei diesen Experimenten entdeckte er im Sonnenspektrum mehr als 150 schwarze Linien (Bild 1). Die markantesten Linien bezeichnete er mit den Buchstaben A bis H und einige weitere mit kleinen Buchstaben.
Diese schwarzen Linien verwendete *Fraunhofer* zur Festlegung von Lichtfarben. Dadurch konnte er für jede Farbe die Brechung in verschiedenen Glassorten bestimmen. Die Ergebnisse nutzte er, um solche Glassorten zu schmelzen und die Linsen so zu kombinieren, dass er die größten und besten achromatischen Objektive für Fernrohre (und auch für Mikroskope) bauen konnte.

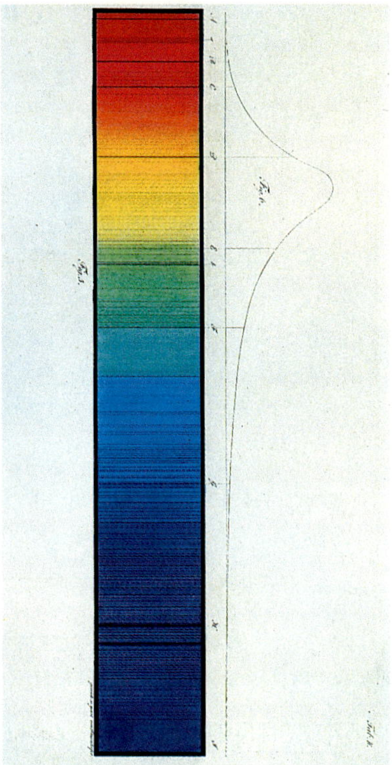

Bild 1: Das von *Fraunhofer* gezeichnete Absorptionsspektrum der Sonne

Spektren anderer Himmelskörper. *Fraunhofer* entdeckte auch Spektren anderer Himmelskörper. Dazu ordnete er vor dem Fernrohr ein Prisma an. Im Licht der Venus fand er dieselben Linien wie im Sonnenspektrum. Dies war ein weiterer Beweis dafür, dass die Venus Sonnenlicht reflektiert und nicht selbst leuchtet. Dagegen unterscheiden sich die Spektren verschiedener Sterne sowohl untereinander als auch vom Spektrum der Sonne. Bei der Untersuchung des Spektrums von elektrischen Funken entdeckte *Fraunhofer* als erster das Emissionsspektrum.

Aufbau eines Spektralapparates. Bild 3 zeigt den Aufbau: Das von der Quelle (1) ausgehende Licht trifft durch einen Spalt (2) auf eine Linse (3), die man Kollimator nennt. Sie sammelt das divergierende Licht zu einem parallelen Lichtbündel und lenkt es auf das Prisma (4). Das Prisma bricht die einzelnen Farben unterschiedlich stark. Das Objektiv (5) sammelt die einzelnen Lichtfarben jeweils in der Brennebene der Linse. Das entstehende Spektrum (6) kann man fotografieren oder durch eine weitere Linse als Lupe vergrößert betrachten.

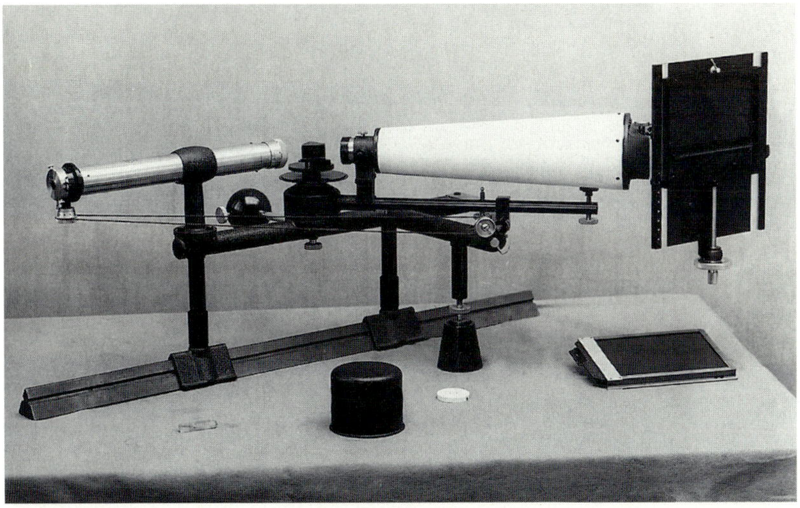

Bild 2: Spektralapparat für Chemiker mit Kamera

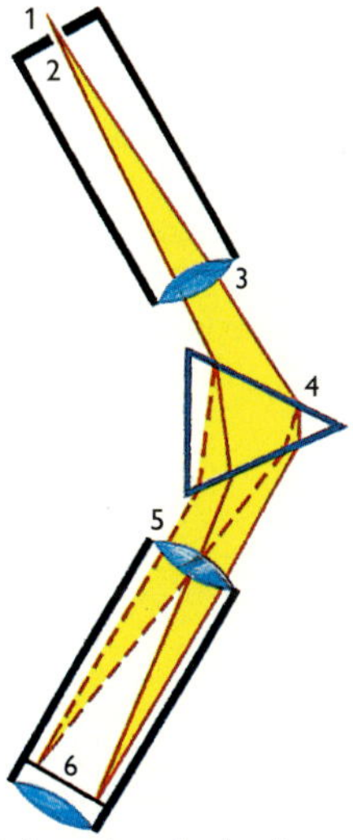

Bild 3: Aufbau eines Spektralapparates

***Kirchhoff* und *Bunsen* lösen 1859 das Rätsel der Linienspektren.** Viele Forscher versuchten in den folgenden Jahrzehnten die Linien im Sonnenspektrum zu erklären, auch *R. W. Bunsen* (1811 bis 1899) und *G. R. Kirchhoff* (1824 bis 1887). Sie erkannten:

- Jeder verdampfende, aber noch nicht leuchtende Stoff, den man in eine Flamme bringt, verschluckt bestimmte Farbanteile.
- Leuchtet dieser Stoff selbst, dann sendet er genau dieselben Farben aus, die er sonst verschluckt.

Aus der Analyse der ausgesandten und der verschluckten Farben konnten sie auf die an der Entstehung des Spektrums beteiligten Stoffe schließen. Durch diese Spektralanalyse wurden die Spektrallinien zu „farbigen Fingerabdrücken" eines jeden Stoffes.

Erfolge der Spektralanalyse. Mit der Spektralanalyse bestimmt man heute

- die Atom- oder Molekülsorte, die das Licht aussendet oder verschluckt,
- den Druck und die Temperatur am Ort der Entstehung bzw. der Absorption des Lichtes,
- die relative Geschwindigkeit zwischen dem Lichtsender (oder dem Lichtabsorber) und dem Ort, an dem sich das Spektroskop befindet.

Die Spektralanalyse führte 1859 innerhalb weniger Wochen zur Entdeckung von 10 neuen Elementen im Periodensystem. Darunter befand sich ein Element, das man nur auf der Sonne, aber noch nicht auf der Erde nachweisen konnte. Man nannte es nach der Sonne (griech. helios) Helium. Besondere Bedeutung errang in der Folgezeit die Spektralanalyse in chemischen Laboren und in der Astronomie. Das aus den Tiefen des Weltalls kommende Licht erwies sich als Informationsträger über physikalische und chemische Eigenschaften der Himmelskörper.

Deutung des Sonnenspektrums. Die leuchtenden Gase im Inneren der Sonne befinden sich unter so hohem Druck, dass sie ein kontinuierliches Spektrum aussenden.
In der Atmosphäre der Sonne durchdringt dieses Licht Gase, die nicht ganz so heiß sind und selbst nicht leuchten. Diese verschlucken aus dem kontinuierlichen Spektrum die für sie typischen Farbanteile. Aus den so entstehenden schwarzen Linien weiß man heute, dass die Sonne zu 73 % aus Wasserstoff, zu 25 % aus Helium und zu 2 % aus anderen Elementen besteht.

Sonnenbeobachtung im Einstein-Turm. Der Einstein-Turm (Bild 1) wurde 1920 bis 1924 speziell für Sonnenbeobachtungen gebaut. Mit dem größten Spektralapparat zu dieser Zeit wollte man eine Voraussage von *A. Einstein* prüfen. Das gelang jedoch damals noch nicht. Der Einstein-Turm entwickelte sich in der Folgezeit zu einem Zentrum der Sonnenforschung.
Öffnet man am Einstein-Turm die Haube (1), so kann das Sonnenlicht auf die verschiedenen optischen Geräte fallen. Diese Geräte sind nicht direkt am Mauerwerk, sondern auf einem Holzgerüst (2) von 2 m Durchmesser befestigt. Dadurch soll verhindert werden, dass sich Schwingungen des Gebäudes auf die Geräte übertragen.

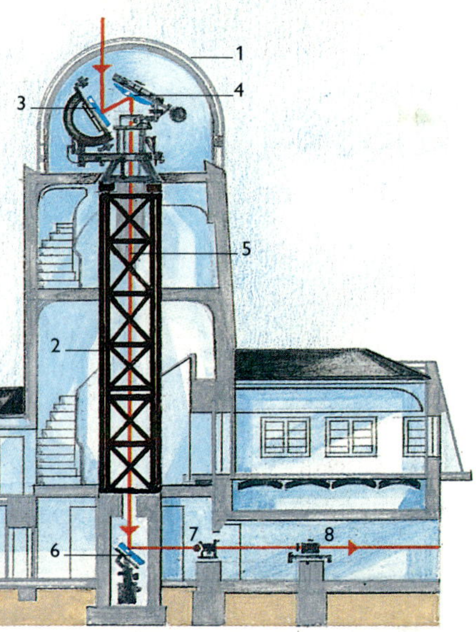

Bild 1: Schnitt durch den Einstein-Turm

Trifft Licht in den Turm, so legt es danach folgenden Weg zurück: Der ebene Spiegel (3) dreht sich automatisch so, dass er das Licht der Sonne stets auf den ebenen Spiegel (4) reflektiert. Beide Spiegel haben einen Durchmesser von 85 cm. Mit dem Fernrohr-Objektiv (5), das einen Durchmesser von 60 cm und eine Brennweite von 140 mm hat, wird das Bild der Sonne vom Spiegel (4) über den Umlenkspiegel (6) auf einen Schirm projiziert. Dieses Bild der Sonne hat einen Durchmesser von etwa 13 cm. Das Sonnenbild wird entweder für fotografische Aufnahmen auf einer Fotoplatte (7) erzeugt oder es fällt auf den Spalt eines horizontal angeordneten Spektralapparates (8).
Der Spektralapparat erzeugt ein 10 cm breites Spektrum. Da immer nur einzelne Ausschnitte des Spektrums untersucht werden, dreht man den Spektralapparat so, dass sich der zu untersuchende Ausschnitt auf dem Spiegel befindet. Von dort wird er aus dem Raum herausreflektiert und kann weiter untersucht werden.
Der Spektralapparat besteht aus drei Prismen. Mit einer Höhe von 15 cm und Kantenlängen von 32 cm bis 26 cm waren sie zu jener Zeit die größten der Welt. Der Winkel der brechenden Kanten beträgt 33°.

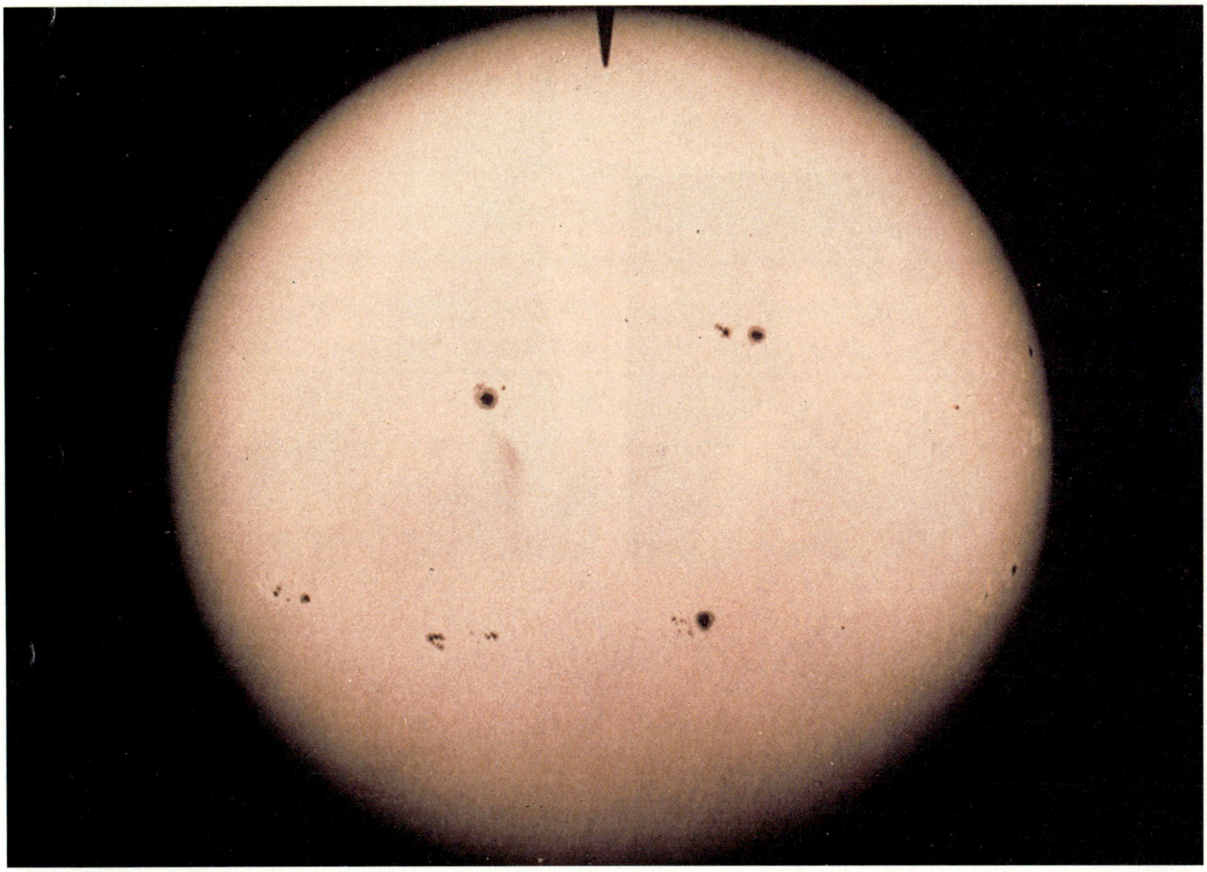

Bild 1: Sonnenflecken

Will man zum Beispiel Sonnenflecken (Bild 1) untersuchen, richtet man das Sonnenbild auf den Spalt, sodass gerade das Licht vom Rand oder vom Inneren des Sonnenflecks auf den Spalt des Spektralapparates fällt.
Aus solchen Spektren weiß man, dass in den Sonnenflecken äußerst starke Magnetfelder existieren, einige 1 000-mal stärker als das Magnetfeld der Erde. Sie behindern das Aufsteigen heißer Gase vom Sonneninneren. Daher „kühlen“ diese Gebiete ab und man sieht sie dunkler. Ihre Temperatur ist etwa 1 500 K niedriger als die der leuchtenden Photosphäre.

5 Sehvorgang im Auge

Die Leistungsfähigkeit der Augen ist faszinierend. Das Auge eines 20 bis 35 Jahre alten Menschen mit einer Sehleistung von 100 % sieht eine Kerzenflamme noch in 15 km Entfernung. Das Auge eines Raubvogels kann bis zu 150 Bilder je Sekunde unterscheiden. Dadurch kann er auch während des Sturzfluges die Bewegungen seiner Beute genau verfolgen. Die Eule sieht sogar bei Dunkelheit.

Bild 1,2,3

Experimente und Beobachtungen

Zur Augenlinse und zur Hornhaut

Experiment 1: Wie muss sich die Augenlinse beim Annähern eines Gegenstandes verändern?
Wir betrachten die Experimentieranordnung nach Bild 4 als Modell eines Auges.
a) Erzeuge mit einer Linse $f = +100$ mm auf dem Schirm (der „Netzhaut") das Bild eines mindestens 1 Meter entfernten Gegenstandes. Nähere den Gegenstand bis auf etwa 10 cm an die Linse und beobachte die Änderung des Bildes.
b) Mit welcher anderen Linse kannst du bei gleich bleibender Entfernung von dem Gegenstand wieder ein scharfes Bild erzeugen? Vergleiche Krümmung und Brennweite der neuen Linse mit der ursprünglichen Linse.

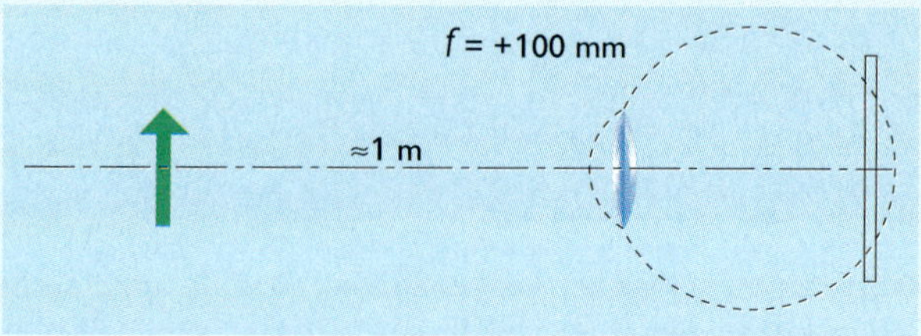

Bild 4

Experiment 2: Schätze den Krümmungsradius der Hornhaut eines Mitschülers ab. Vergleiche dazu das Spiegelbild eines Fensters o. ä. auf der Hornhaut und auf verschieden großen Weihnachtsbaumkugeln.

Zur Bildentstehung im Auge

Experiment 3: Welche Bilder entstehen in einem Rinderauge?
Halte ein frisches Rinderauge im verdunkelten Raum vor eine leuchtende Kerze und beobachte die Lederhaut auf der Rückseite des Augapfels.
Experiment 4: Wie ist ein Rinderauge aufgebaut?
Öffne das Auge mit einem Skalpell oder einer Nagelschere entlang der im Bild 1 gekennzeichneten Linie. Führe den ersten Schnitt (Stich) vorsichtig aus, um die unter der Hornhaut liegenden Teile des Auges nicht zu verletzen. Öffne den Augapfel so weit, dass das Innere des Auges in eine Plastikschale gleiten kann. Trenne dann Glaskörper, Linse und Regenbogenhaut voneinander, wobei du Teile des Ziliarmuskels an der Linse belässt. Stülpe die leere Augenhülle um und betrachte die Netzhaut und den Ansatz des Sehnervs. Hat ein Rinderauge eine Netzhautgrube, einen gelben Fleck?

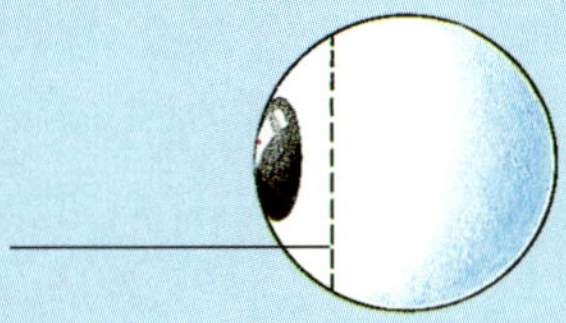

Bild 1

Experiment 5: Lege die Augenlinse eines Rinderauges auf eine Glasschale und betrachte durch die Linse einen gedruckten Text.
Experiment 6: Lege die Linse auf eine Glasscheibe oder ein durchsichtiges Lineal und beleuchte sie von oben mit parallelem Licht der Experimentierlampe. Hebe die Glasscheibe bzw. das Lineal soweit an, dass du auf dem Tisch den Brennpunkt der Linse erkennen kannst.
Experiment 7: Führe die Experimente 4 und 5 mit dem Auge eines Schweines durch.
Betrachte zusätzlich die Linse eines Schweineauges unter dem Mikroskop!

Zur Form von Augenlinsen

Experiment 8: Welche Form und welche Struktur haben die Augenlinsen eines Fisches und eines Huhns?
Öffne die Augen durch einen Schnitt entlang der Hornhaut. Löffle die Linse mit dem Stiel eines Teelöffels aus der Augengrube heraus.
Experiment 9: Drücke vorsichtig die aus dem Auge herausgenommene Linse eines Fischauges aus dem sie umschließenden Häutchen!
Beschreibe die Struktur der Linse.

Aufgaben

1. Blicke bei geschlossenem linken Auge aus größerer Entfernung mit dem rechten Auge auf das schwarze Kreuz im Bild 2. Nähere das Buch dem Auge.
   Was bemerkst du und wie kann man das erklären?

Bild 2

2. Bestimme das Auflösungsvermögen deiner Augen.
3. Welchen Abstand müssen zwei Punkte in 2 000 m Entfernung haben, damit das Auge sie noch getrennt sehen kann?
4. In welcher Entfernung kannst du oder können andere Personen zwei Punkte mit einem Abstand von 2 mm noch getrennt wahrnehmen?
5. Bestimme den Nahpunkt der Augen von deinen Eltern, Großeltern, Geschwistern oder Freunden.
6. Hänge einen Ring an einem Faden auf. Versuche, einen Bleistift in den Ring zu stecken, wenn du a) mit einem Auge blickst, b) mit beiden Augen blickst.
   Was stellst du fest und wie erklärst du dir das?
7. Betrachte im Bild 3 jeweils die linke Zeichnung nur mit dem linken und die rechte nur mit dem rechten Auge. (Zur Vereinfachung kannst du ein kleines Blatt Papier senkrecht dazwischen halten.)
   Welchen Körper siehst du?
8. Informiere dich über einige optische Täuschungen und begründe deren Wirkung.

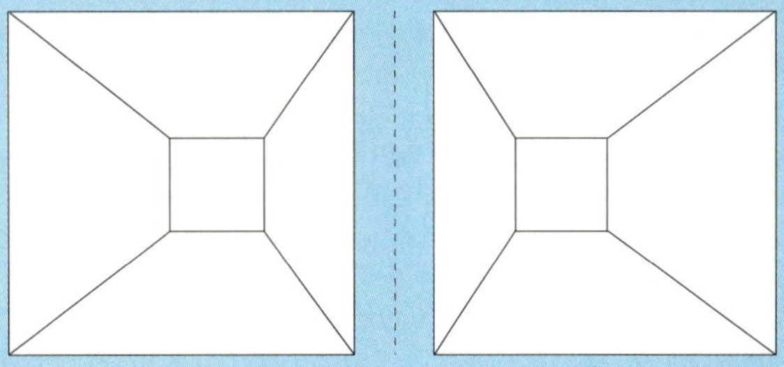

Bild 3

5.1 Das menschliche Auge

Das Auge liegt in der knöchernen Augenhöhle, es ist in ein Fettgewebe eingebettet. Der **Augapfel** hat etwa die Gestalt einer Kugel. Je sechs Augenmuskeln bewegen ihn. Sie sorgen bei normalsichtigen Augen auch dafür, dass die Blickrichtungen der Augen in einer Ebene bleiben und sich im Blickpunkt schneiden.
Das **Lid** schützt und bedeckt mit seiner Schleimhaut (der Augenbindehaut) den vorderen Teil des Augapfels. Die **Wimpern** halten Staub vom Auge ab, und die Augenbrauen leiten den Schweiß der Stirn vom Auge weg. Die **Tränendrüse** verteilt ihre salzige Tränenflüssigkeit durch feine Kanäle über die vordere Fläche des Augapfels. Sie ernährt die Hornhaut, hält diese immer feucht und schwemmt Staub zum Tränenkanal. Durch diesen fließt die Tränenflüssigkeit in die Nasenhöhle ab. Im Winter dient sie auch als Wärmeschutz.
Der Augapfel (Bild 1) ist von drei Häuten umkleidet. Die völlig undurchsichtige weiße **Lederhaut** (1) grenzt den Augapfel nach außen ab und verleiht ihm Festigkeit. Die **Aderhaut** (2) dient zur Ernährung der **Netzhaut** (3).
Im sichtbaren Teil des Augapfels befindet sich vor der weißen Lederhaut die zentralsymmetrisch nach vorn gewölbte, glasklare und elastische **Hornhaut** (4). Die weiße Lederhaut hat vorn eine kreisrunde Öffnung, sie lässt die **Iris** (5) erkennen. Diese ist bei den Menschen unterschiedlich gefärbt. In der Iris befindet sich das Sehloch, die **Pupille** (6). Die **Augenlinse** (7) ist zentralsymmetrisch geformt, elastisch und glasklar. Sie erzeugt zusammen mit der gekrümmten Hornhaut von Gegenständen Bilder auf der Netzhaut. Der **Ziliarmuskel** (8) verändert die Krümmung und damit die Brennweite der Linse. Die **vordere** und die **hintere Augenkammer** enthalten Kammerwasser, es ernährt die Linse und die Hornhaut. Zugleich stabilisiert der Druck des Kammerwassers die Form der Linse und der Hornhaut. Der **Glaskörper** (9) besteht aus einer gallertartigen, durchsichtigen Masse. Er gibt dem Auge seine Form.
Die Netzhaut ist die lichtempfindliche Haut. Sie ist gelblich bis rosa gefärbt, völlig durchsichtig und besteht aus feinsten Verzweigungen des **Sehnervs** (10). Die Enden dieses Sehnervs sind die **Zapfen** und **Stäbchen.** Den Abschluss der Netzhaut gegen die Aderhaut bildet eine **Pigmentschicht**. Die schwarzen Pigmente verhindern das tiefere Eindringen und die Reflexion des Lichtes im Auge. Daher erscheint die Pupille schwarz. Erst bei zu starkem Blitzlicht wird von der rötlichen Netzhaut der Rotanteil des Lichtes reflektiert, wodurch das gesamte Auge auf Blitzlichtfotografien rot aussehen kann.
Die Netzhaut passt ihre Empfindlichkeit sehr wirkungsvoll dem einfallenden Licht an. Sie kann im Dunkeln ihre Empfindlichkeit innerhalb von 30 Minuten um den Faktor 10^{13} erhöhen. Entsprechend gut ist ihre Anpassung bei zu hellem Licht. Die Pupille kann sich zwar in 0,2 Sekunden verkleinern, dabei reduziert sie aber die ins Auge eintretende Lichtmenge nur etwa auf 1/20.
Der veränderliche Durchmesser der Pupille beeinflusst vor allem die Tiefenschärfe des Bildes auf der Netzhaut. Die Netzhaut enthält etwa 7 Millionen Zapfen und 120 Millionen Stäbchen. Zapfen nehmen nur Farben wahr. Es gibt drei Sorten von Zapfen. Die Empfindlichkeit eines jeden Zapfens ist auf eine der drei Farben Rot, Grün oder Blau spezialisiert. Durch Mischung der Reize dieser Zäpfchen kann das Auge 130 bis 150 reine Farbtöne voneinander unterscheiden. Die Stäbchen sind viel empfindlicher als die Zapfen, sie nehmen aber nur hell und dunkel wahr. Daher können wir bei schwacher Beleuchtung nur verschiedene Grautöne und keine Farben sehen.
Die Stelle des schärfsten Sehens heißt **Netzhautgrube** (11). Früher wurde sie gelber Fleck genannt. Dort befinden sich nur Zapfen und dort ist ihre Dichte am größten. Insgesamt befinden sich in der Netzhautgrube etwa 135 000 Zapfen. Dagegen ist der **Blinde Fleck** (12) ganz ohne Sehsinneszellen. Hier tritt der Sehnerv durch die Netzhaut. Er leitet die Sehreize zum Gehirn.

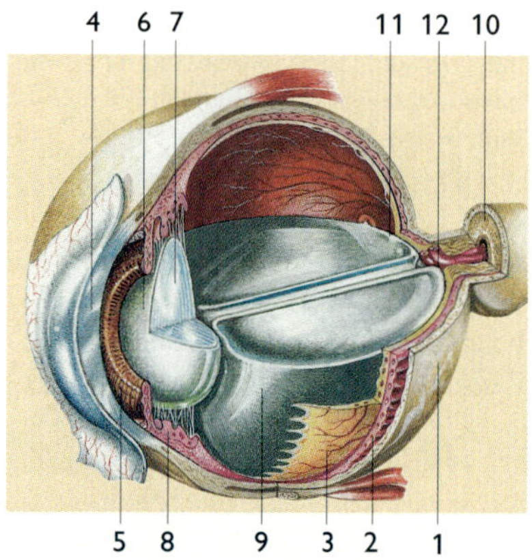

Bild 1: Längsschnitt durch das Auge

Bild 2: Foto eines Längsschnittes durch das Auge

5.2 Physikalische Grundlagen des Sehens

Mehrfache Brechung des Lichtes. Die lichtdurchlässigen Teile des Auges sind die Hornhaut, die mit Kammerwasser gefüllte vordere Augenkammer, die Linse und der gallertartige Glaskörper. In das Auge einfallendes Licht wird insgesamt viermal gebrochen: an der Vorder- und Hinterseite der Hornhaut, an der Vorder- und Hinterseite der Augenlinse. Die Brechung des Lichtes erfolgt vorwiegend (75 %) an der gekrümmten Hornhaut. Die Linse übernimmt die Feineinstellung. Sie sorgt dafür, dass in einem normalsichtigen Auge die Bilder unterschiedlich weit entfernter Gegenstände immer auf der Netzhaut entstehen. Die Gesamtbrechkraft des normalsichtigen Auges beträgt etwa 60 dpt.

Bildentstehung im Auge. Auf der Netzhaut des Auges entstehen verkleinerte, seitenvertauschte und Kopf stehende Bilder. Aufgrund der Erfahrung werden diese Bilder vom Gehirn in seitengerechte und aufrecht stehende Wahrnehmungen umgewandelt.
Zur Anpassung des Auges an unterschiedliche Entfernungen verändert der Ziliarmuskel die Krümmung und damit die Brennweite der Augenlinse. Dieser Vorgang heißt **Akkommodation** (Bild 1a, b, c). Ein kindliches Auge erhöht dabei die Brechkraft bis auf etwa 74 dpt.

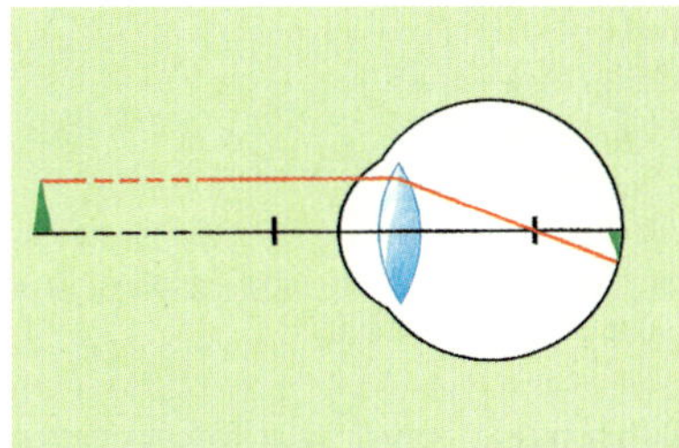

Bild 1a: Ein normalsichtiges Auge vereinigt von einem weit entfernten Gegenstand kommende Strahlen auf der Netzhaut zu einem scharfen Bild. Dabei sind der Ziliarmuskel und die Augenlinse völlig entspannt.

Dauer der Lichteindrücke. Gelangt Licht auf die Zapfen, so zersetzt es die in den Zapfen vorhandenen Farbstoffe, den Sehpurpur. Das einzelne Bild wird daher nur kurze Zeit „festgehalten". Nach etwa (1/16) s hat sich der Farbstoff durch biologische Vorgänge wieder neu gebildet. Deshalb werden zum Beispiel beim Fernsehen in jeder Sekunde 25 Bilder gesendet, damit wir diese als fortlaufenden Vorgang wahrnehmen. Damit die Bilder nicht flimmern, muss das Auge sogar mehr als 48 Bilder erhalten. Darum wird beim Fernsehen jedes der 25 Bilder in zwei Teilen gesendet – einmal die ungeraden Bildzeilen und dann die geraden Bildzeilen.

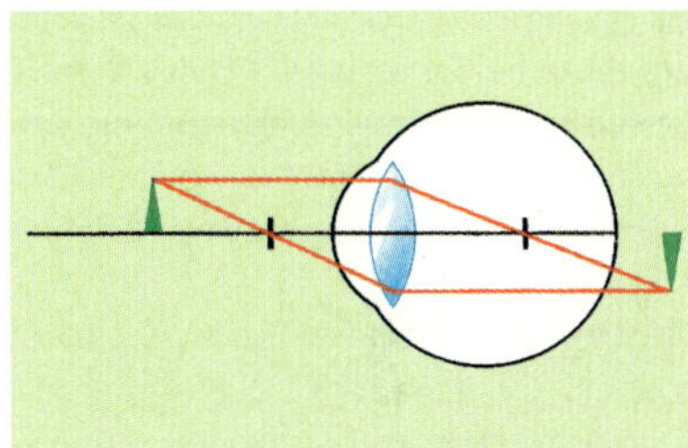

Bild 1b: Kommt der Gegenstand näher an das Auge, würde bei unveränderter Augenlinse das scharfe Bild erst hinter der Netzhaut entstehen. Man sähe unscharf.

Konstruktion der im Auge entstehenden Bilder. In Zeichnungen benutzt man häufig ein sehr vereinfachtes Modell des Auges. In diesem Modellauge ersetzt man die viermalige Brechung durch eine einmalige Brechung in einer kugelförmigen Fläche, die dicht hinter der Hornhaut liegt. Sie ist nur eine gedachte Fläche. In Zeichnungen stellt man ein solches Modellauge meist nur durch diese gekrümmte Fläche und die Netzhaut dar.
Zur Konstruktion der auf der Netzhaut entstehenden verkleinerten, seitenvertauschten und Kopf stehenden Bilder genügt es in diesem Modell, den Verlauf der von den Endpunkten eines Gegenstandes ausgehenden Mittelpunktstrahlen anzugeben (Bild 1, S. 32).

Deutliche Sehweite s_0. Je nach der Entfernung des Gegenstandes muss sich die Linse unterschiedlich krümmen. Am angenehmsten ist es für das Auge, wenn es auf das Sehen in sehr weiter Entfernung eingestellt ist. Das geht aber nicht immer, wie zum Beispiel beim Lesen dieser Zeilen. Infolge der Gewöhnung an einen Abstand von etwa 20 cm bis 40 cm beim Lesen und Schreiben, empfindet man in einem normalsichtigen Auge die Anstrengung des Ziliarmuskels bei dieser Nähe nicht. Dies ist die deutliche Sehweite s_0.
Für physikalische Berechnungen hat man als deutliche Sehweite 25 cm festgelegt. Der Optiker legt bei der Brillenanpassung einen Leseabstand von 33 cm zugrunde, für Computerbrillen 60 cm bis 80 cm.

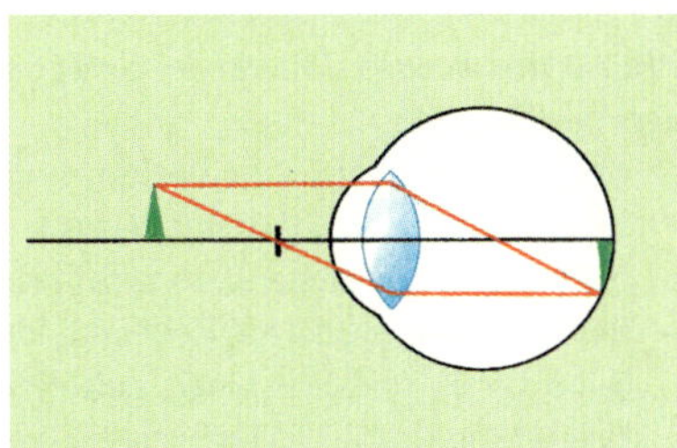

Bild 1c: Damit dies nicht geschieht, verstärkt der Ziliarmuskel die Krümmung der Augenlinse. Dadurch verkürzt sich die Brennweite der Linse, bis das scharfe Bild wieder auf der Netzhaut entsteht.

Nahpunkt. Der Nahpunkt des Auges befindet sich in der kleinstmöglichen Entfernung, in der man noch ein scharfes Bild sehen kann. Bei Kindern kann dieser Nahpunkt 7 cm sein.

Sehwinkel α eines Gegenstandes. Die Strahlen, die von den Randpunkten des Gegenstandes ausgehen und in das Modellauge einfallen, nennt man Randstrahlen. Sie schließen jeweils mit der optischen Achse den Sehwinkel α ein. Er bestimmt die Größe des Bildes auf der Netzhaut und damit die scheinbare Größe des Gegenstandes. Der Sehwinkel eines Gegenstandes kann vergrößert werden, indem man ihn näher an das Auge bringt. Diese Vergrößerung des Sehwinkels endet, wenn der Gegenstand den Nahpunkt des Auges erreicht hat.

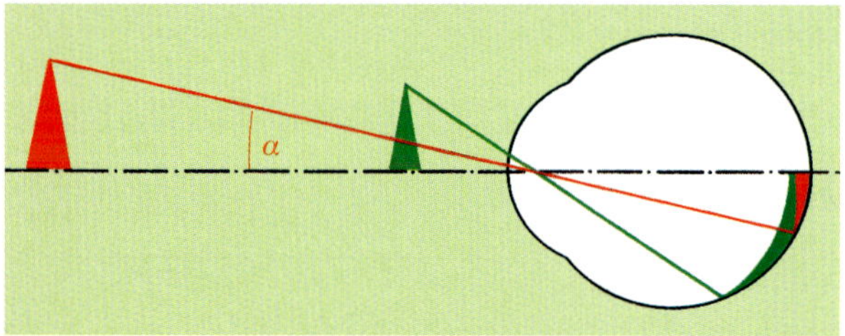

Bild 1: Der Sehwinkel α eines Gegenstandes und damit sein Bild auf der Netzhaut werden umso größer, je näher sich der Gegenstand am Auge befindet.

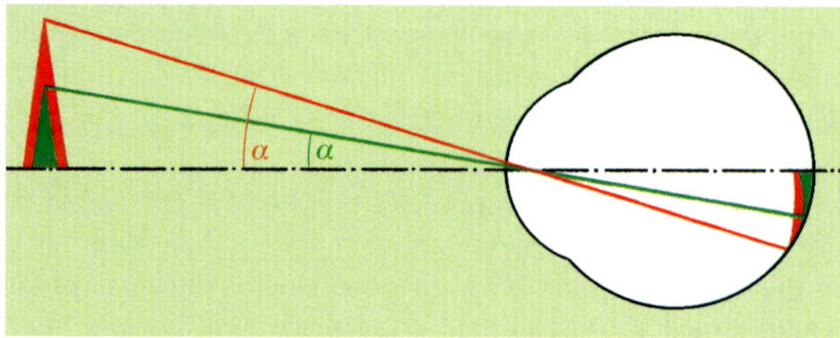

Bild 2: Die Sehwinkel α und damit auch die Bilder zweier Gegenstände in gleicher Entfernung vom Auge sind umso größer, je größer die Gegenstände sind.

Sehschärfe oder Auflösungsvermögen des Auges. Entfernt sich ein Gegenstand vom Auge, so wird der Sehwinkel immer kleiner. Dabei rücken die Endpunkte der Randstrahlen auf der Netzhaut weiter zusammen. Bei einem Sehwinkel $\alpha = (1/60)^\circ$ treffen die Randstrahlen eines Gegenstandes gerade noch auf zwei benachbarte Sinneszellen. Es entsteht das kleinstmögliche Bild des Gegenstandes auf der Netzhaut. Diesen kleinstmöglichen Sehwinkel von $(1/60)^\circ$ nennt man das Auflösungsvermögen des Auges.
Ist der Winkel kleiner, fällt das gesamte von einem Gegenstand kommende Licht auf dieselbe Sinneszelle. An das Gehirn gelangt nur noch ein Sehreiz, es entsteht kein Bild mehr. In einer Entfernung von 25 cm müssen zwei Punkte 0,07 mm weit auseinander sein, damit ein normalsichtiges Auge sie noch als getrennt wahrnimmt. Dann liegen die Bildpunkte auf der Netzhaut etwa 0,004 mm auseinander.

Räumliches Sehen. Beide Augen umfassen horizontal ein Sehfeld mit einem Winkel von etwa 208°. Die mittleren 130° sehen wir mit beiden Augen (Bild 3). Die verbleibenden Randzonen sehen wir jeweils nur mit einem Auge. Betrachten wir einen Gegenstand mit beiden Augen, so wird von demselben Gegenstand im linken Auge ein etwas anderes Bild erzeugt als im rechten. Unser Gehirn kann die etwas unterschiedlichen Informationen zu einem räumlichen Bild verarbeiten. Bei weiter entfernten Gegenständen sind die Bilder in beiden Augen nahezu gleich, sodass diese Gegenstände mehr flächenhaft als räumlich wahrgenommen werden.

Pflege des Auges. Um die Sehkraft der Augen lange zu erhalten, sollte Folgendes beachtet werden:

- Nie in zu grelles Licht blicken und nicht bei zu hellem Sonnenschein ohne Sonnenbrille mit UV-Schutz lesen.
- Nicht bei unzureichendem Licht lesen.
- Beim Schreiben soll für Rechtshänder das Licht immer von links kommen.
- Beim Lesen und Schreiben eine Weite von etwa 33 cm bis 40 cm einhalten, beim Arbeiten am Computer 60 cm bis 80 cm.
- Beim lang anhaltenden Lesen und Schreiben sollten die Augenlinsen durch gelegentliche Blicke aus dem Fenster entspannt werden.
- Zigarettenrauch meiden, er schadet der Hornhaut.
- Eingedrungene Insekten und Staubkörner nicht durch Reiben entfernen, das könnte zu Kratzern auf der Hornhaut führen.

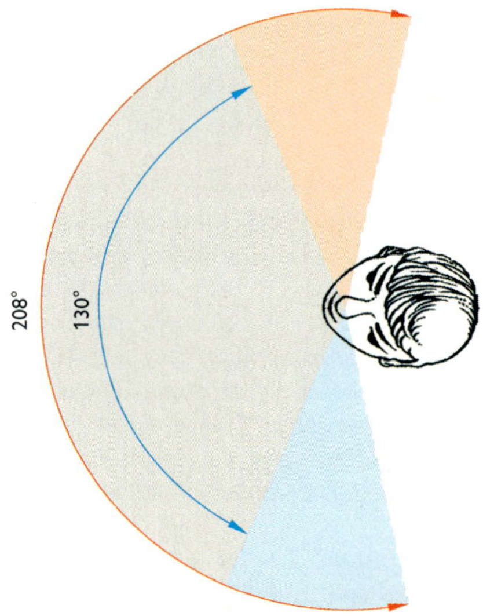

Bild 3: Horizontales Sehfeld des Menschen

5.3 Die Vielfalt von Augen

Optische Wahrnehmung bei Tieren. Nicht alle Tiere sehen ihre Umwelt so wie der Mensch. Manche können nur hell und dunkel unterscheiden, andere erkennen nur Bewegungen und wieder andere sehen nur Schwarzweißbilder.
Beim **Farbensehen** gibt es ebenfalls große Unterschiede. Schmetterlinge zum Beispiel sehen kein rotes Licht, daher findet man selten Schmetterlinge auf einer roten Blüte. Tiefseefische nehmen durch Anpassung nur blaues Licht wahr, denn in Tiefen unter 30 m gelangt nur noch der blaue Anteil des Lichtes. Die anderen Farbanteile werden vom Wasser absorbiert.
Auch das **Sehfeld** der Augen unterscheidet sich sehr stark. Bei Beutetieren, wie dem Hasen oder Friedfisch, befinden sich die Augen mehr an der Seite des Kopfes (Bild 1). Dies schränkt das räumliche Sehvermögen ein. Es erhöht sich aber das Sehfeld, und sie können früh eine Bewegung erkennen, die eine Gefahr signalisiert. Bei Raubtieren, wie dem Fuchs oder dem Hecht, stehen die Augen wie auch beim Menschen eng beieinander (Bild 2). Dies verkleinert das Sehfeld beider Augen. Durch die Überlappung der beiden Sehfelder erhöht sich aber das räumliche Sehen, wodurch Entfernung und Geschwindigkeit von Beutetieren genauer eingeschätzt werden können.
Unterschiede in der **Empfindlichkeit** des Auges resultieren auch aus der Anzahl der Sehzellen auf 1 mm² der Netzhaut (Tabelle 1) und der Anzahl der Sehzellen, deren Reize über eine gemeinsame Nervenfaser zum Gehirn geleitet werden (Tabelle 2).

Bild 1: Die seitliche Augenstellung gibt dem Hasen (Beutetier) ein großes Sehfeld.

Anzahl der Sehzellen auf 1 mm² der Netzhaut			
Spinne	16 000	Rind	385 000
Karpfen	50 000	Katze	397 000
Frosch	95 000	Mensch	400 000
Tintenfisch	160 000	Waldkauz	680 000
Huhn	265 000		

Anzahl der Sehzellen, deren Sinnesreize über eine Nervenfaser zum Gehirn geleitet werden			
Finnwal	5 000	Mensch	
Tiger	2 500	am Netzhautrand	130
		in der Netzhautgrube	1

Bild 2: Der Fuchs hat ein kleines Sehfeld, aber ein gutes räumliches Sehvermögen.

Augenformen im Tierreich. Niedere Tiere, wie einige Würmer, können mit ihren **Napfaugen** nur wahrnehmen, ob es hell oder dunkel ist. Andere Würmer, wie Röhrenwürmer, können mit ihren **Röhrenaugen** schon Bewegungen in ihrem Umfeld feststellen. Einfachste Bilder aus der Umgebung entstehen im **Spiegelauge** einer Muschel. Das Spiegelauge erzeugt das Bild nach der Reflexion des Lichtes in einer spiegelnden Schicht. Das **Netzauge** von Insekten besteht aus bis zu 28 000 Einzelaugen, die halbkugelförmig angeordnet sind und ein großes Sehfeld ergeben. Das **Lochauge** eines Nautilus ähnelt einer Lochkamera, im Auge wird aber bereits ein Bild erzeugt. Fische besitzen schon **Linsenaugen.**
Viele auch nachts aktive Tiere haben **Katzenaugen** wie beispielsweise der Zander. Katzenaugen haben eine größere Pupille. Hinter der Netzhaut liegt zusätzlich eine lichtreflektierende Schicht, durch die sich der Lichteinfall in den Sinneszellen der Netzhaut erhöht. Diese Reflexion ist Ursache für das Aufleuchten der Augen von Katzen, Rehen oder Füchsen im Scheinwerferlicht.

Die Besonderheit des **Adlerauges** besteht in der großen Anzahl von Zapfen, die über die gesamte Netzhaut verteilt sind. Dadurch kann der Adler aus 3 500 Meter Höhe noch Dinge von 24 cm bis 30 cm Größe erkennen. Darüber hinaus besitzt das Auge eines Greifvogels zwei Netzhautgruben, eine zum allgemeinen Scharfsehen und eine zum raschen Erkennen von Bewegungen.

Anpassung von Linsenaugen an unterschiedliche Entfernungen. Für das Entstehen eines scharfen Bildes auf der Netzhaut muss die Linsengleichung

$$\frac{1}{f} = \frac{1}{g} + \frac{1}{b}$$

erfüllt sein. Für die Anpassung des Auges an unterschiedliche Gegenstandsweiten *g* gibt es prinzipiell zwei Möglichkeiten:

- Veränderung der Bildweite *b* (durch Verändern des Abstandes zwischen Linse und Netzhaut oder zwischen zwei Netzhäuten in unterschiedlichen Entfernungen von der Linse),
- Veränderung der Brennweite *f* der Linse (durch Formänderung der Linse).

Beide Möglichkeiten sind im Tierreich einzeln oder kombiniert verwirklicht. Dabei unterscheiden sich die Augen der Tiere noch darin, ob sie bei entspannter Linse auf die Ferne oder auf die Nähe scharf eingestellt sind.

Auge mit zwei Netzhäuten

Die Hornisse besitzt zwei Netzhäute. Die der Linse näher gelegene Fernnetzhaut dient der Abbildung sehr entfernter Objekte. Auf der Nahnetzhaut werden nahe Objekte abgebildet.

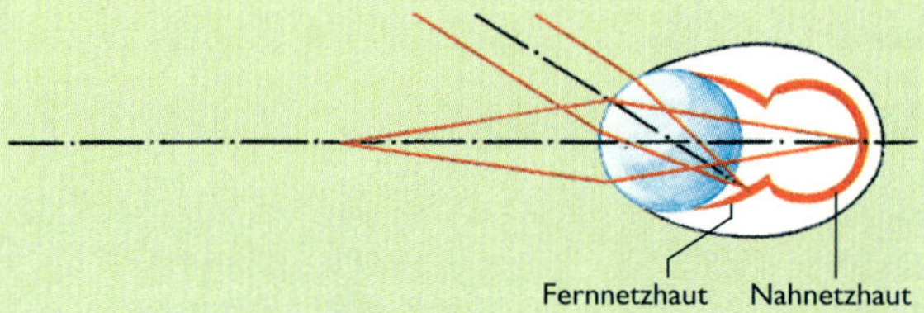

Verändern des Abstandes zwischen Linse und Netzhaut

Zum Akkommodieren auf die Nähe verlängern Kopffüßer (vor allem Tintenfische) durch Druck der äußeren Muskeln den Augapfel und vergrößern damit den Abstand ihrer starren Kugellinse von der Netzhaut.

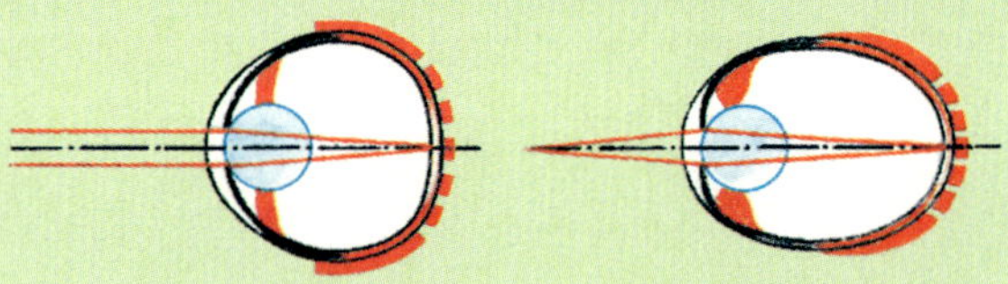

Entspanntes Auge (Ferne) Akkommodation (Nähe)

Verändern der Brechkraft der Linse durch Ändern ihrer Krümmung

Bei Schildkröten und Vögeln drückt ein in der Iris sitzender Muskel auf die Linse und verformt diese zum Akkommodieren auf die Nähe.

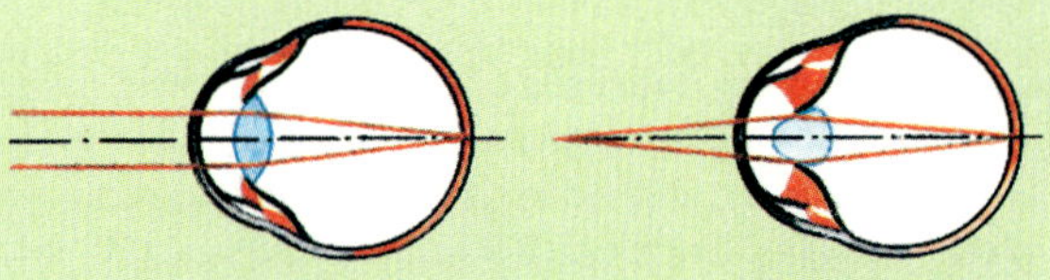

Entspanntes Auge (Ferne) Akkommodation (Nähe)

Verschieben und gleichzeitiges Formändern der Linse

Der Hecht hat einen inneren Linsenmuskel. Dieser zieht die Linse für das Akkommodieren auf die Ferne nach vorn und verändert gleichzeitig die Form der Linse.

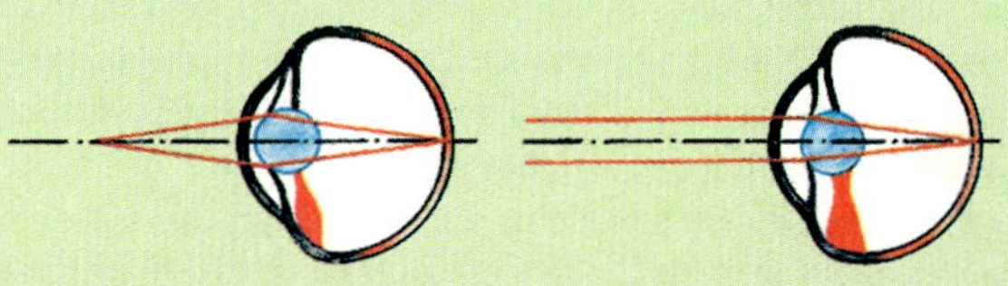

Entspanntes Auge (Nähe) Akkommodation (Ferne)

5.4 Entwicklung der Kenntnisse über das Sehen

Vorstellungen über das Sehen im Altertum. In der Antike glaubte man, vom Auge gingen „Sehstrahlen" aus, die an den verschiedenen Gegenständen reflektiert und dadurch in das Auge zurückkehren würden. Das Auge war danach zugleich „Sender" und „Empfänger" von Licht. Erst im 11. Jahrhundert erkannte der Araber *Alhazen*, dass das Auge nur das von den verschiedenen Gegenständen ausgehende Licht wahrnimmt. Dennoch hielt sich noch lange die alte Vorstellung. Viele Ausdrücke wie „strahlende Augen", „leuchtende Augen" oder „Augenstern" erinnern daran.

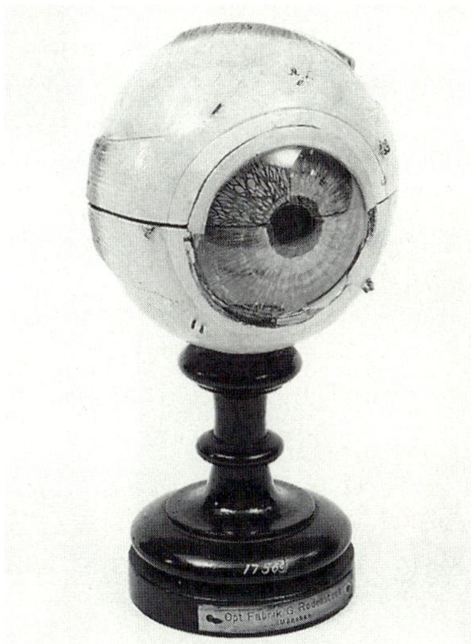

Bild 1: Augenmodell aus dem 19. Jahrhundert

Erste Kenntnisse über die Anatomie des Auges. Etwa seit dem 16. Jahrhundert erwarben Forscher und Ärzte durch Leichensektionen mehr Kenntnisse über die Anatomie und die Physik des Auges. Das Bild auf der Netzhaut beschrieb 1630 erstmals der deutsche Forscher *C. Scheiner* an einem präparierten Ochsenauge. Den Strahlengang im menschlichen Auge zeichnete zuerst der französische Forscher *R. Descartes*. Wenig später erfolgten die ersten Operationen des grauen Stars. Dabei stach der Arzt mit einem Skalpell unter dem Oberlid ins Auge und trennte die ergraute Augenlinse oben vom Ziliarmuskel. Dadurch klappte sie im Augapfel um. Die fehlende Brechkraft der Augenlinse musste durch eine „Starbrille" ersetzt werden.
Etwa ab 1850 entstanden dann die ersten Modelle vom inneren Aufbau des Auges (Bild 1). Sie dienten der weiteren Forschung und der Ausbildung von Ärzten. Die Erfindung des Augenspiegels (Bild 2) durch *H. v. Helmholtz* im Jahre 1851 ermöglichte die Untersuchung der Netzhaut im lebenden Auge. Dies war die Grundlage für die Entwicklung einer wissenschaftlichen Augenheilkunde.

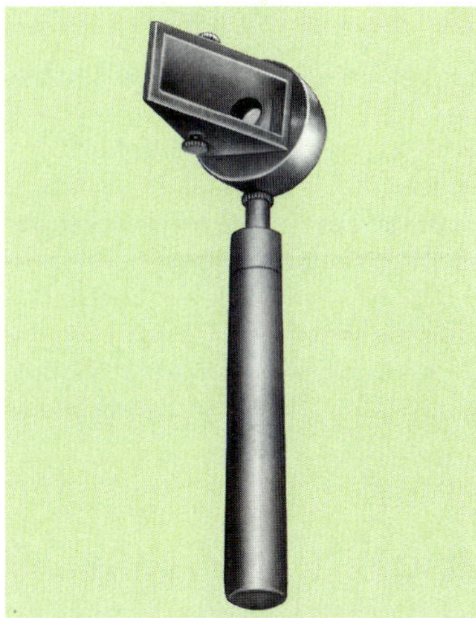

Bild 2: Augenspiegel von *Helmholtz*

Augennachbildung aus Glas. Glasaugen wurden schon 1561 von einem französischen Arzt beschrieben. Sie wurden zunächst in Venedig und später auch in Paris gefertigt. Aber erst dem Thüringer Glasmacher *F. A. Müller* aus Lauscha gelang es ab 1835, das menschliche Auge täuschend ähnlich nachzubilden und als Prothese in verschiedenen Augenfarben anzubieten. *Müller* strukturierte weißliche Hohlglaskörper mit feinsten farbigen Glas- und Goldrubinfäden. Diese imitierten nahezu perfekt Iris, Pupille und Blutäderchen. Diese Kunstaugen waren gegenüber der Tränenflüssigkeit weniger empfindlich und ihr Gewicht war um 30 % geringer als das der vorherigen Augenprothesen.

5.5 Moderne Geräte zur Augenuntersuchung

Zur Untersuchung der Hornhaut dienen heute Stereomikroskope mit einer eingebauten Lichtquelle, von der ein spaltförmiges Strahlenbündel auf die Hornhaut gerichtet wird. Für die Untersuchung der Netzhaut stehen dem Arzt ebenfalls Stereomikroskope zur Verfügung. Solche Mikroskope können mit einer Netzhautkamera ausgerüstet werden (Bild 3).
Eine weit verbreitete Augenkrankheit ist der „grüne Star". Er wird durch einen erhöhten Augeninnendruck hervorgerufen. Zur Früherkennung eines erhöhten Augeninnendrucks wird ein Teil der Hornhaut mit einem genormten Druck leicht eingedrückt. Aus der Abplattung der Hornhaut kann auf den Augeninnendruck geschlossen werden.

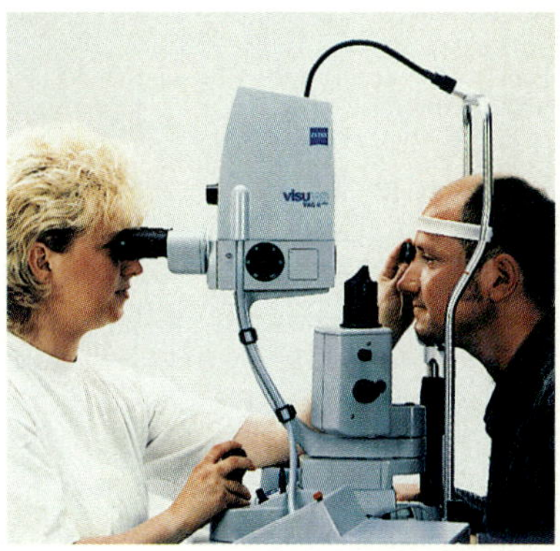

Bild 3: Modernes Ophthalmoskop

6 Sehhilfen

Brillen sind nützliche Hilfen zur Korrektur von angeborenen oder erworbenen Augenfehlern. Wer keine Brille tragen möchte oder wer einen komplizierteren Augenfehler besitzt, benutzt Kontaktlinsen.

Bild 1

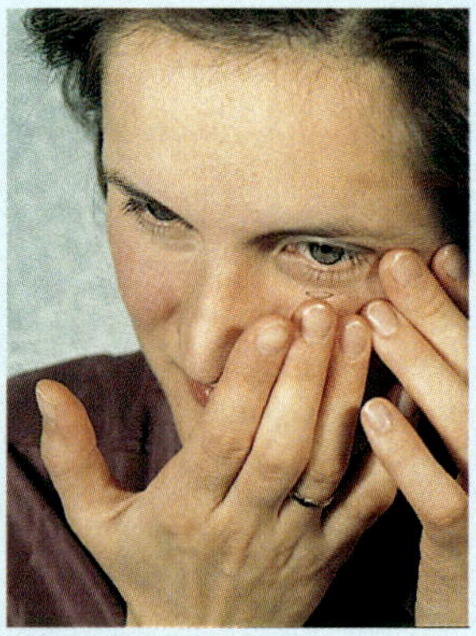

Bild 2

Experimente und Beobachtungen

Zu Kurz- und Weitsichtigkeit

Experiment 1: Welche Ursachen können Weitsichtigkeit und Kurzsichtigkeit haben?
a) Baue ein Modellauge auf (Bild 3). Erzeuge von dem Gegenstand ein scharfes Bild. Beschreibe das entstehende Bild.
b) Verkürze bzw. verlängere im Modell den Augapfel um etwa 3 cm. Welche Änderung bewirkt Weit- bzw. Kurzsichtigkeit?

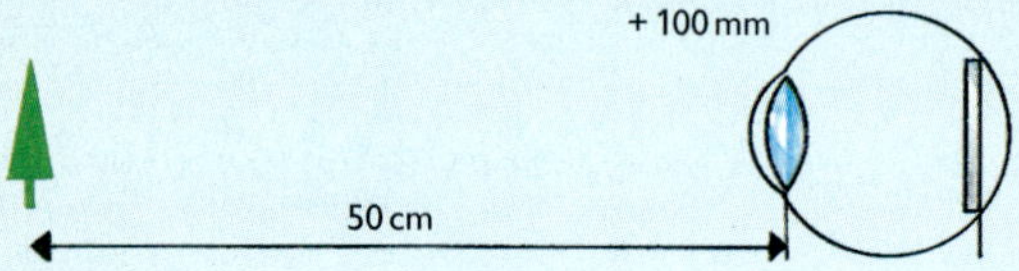

Bild 3: Normalsichtiges Modellauge

c) Verändere im Modell die Brennweite der Linse durch Auswechseln der Linse oder durch Hinzufügen einer zweiten Linse. Welche Änderung bewirkt Weit- bzw. Kurzsichtigkeit?

Zur Korrektur von Augenfehlern

Experiment 2: Mit welcher Linse als Brillenglas entsteht bei kurzsichtigen Augen auf der Netzhaut wieder ein scharfes Bild? Vergrößere dazu im Modellauge (Bild 3) den Abstand zwischen der Augenlinse und der Netzhaut um etwa 3 cm.
Experiment 3: Welche Linse als Brillenglas erzeugt bei weitsichtigen Augen auf der Netzhaut wieder ein scharfes Bild? Verkleinere wie im Modellauge (Bild 3) den Abstand zwischen der Augenlinse und der Netzhaut um etwa 3 cm.
Experiment 4: Die Hornhaut des Modellauges im Bild 3 soll zu stark gekrümmt sein.
a) Muss man im Modellauge Hornhaut und Augenlinse durch eine Linse mit größerer oder kleinerer Brennweite ersetzen?
b) Mit welcher Linse als Kontaktlinse kannst du diesen Fehler des Modellauges korrigieren? Wiederhole das Experiment für eine zu geringe Krümmung der Hornhaut des Modellauges.
Experiment 5: Baue das Modell eines altersweitsichtigen Auges auf, dessen Linse sich nicht stark genug krümmen kann.
a) Wie muss sich die Brennweite der für das Modell benutzten Linse gegenüber dem Modell im Bild 3 unterscheiden?
b) Mit welcher Linse als Brillenglas kannst du diese Altersweitsichtigkeit korrigieren?
Experiment 6: Halte verschiedene Brillengläser in das Sonnenlicht oder in paralleles Licht einer Experimentierleuchte. Vergleiche die entstehenden Bilder.
a) Schließe daraus auf die Art der benutzten Linsen.
b) Welchen Augenfehler könnte der Brillenträger haben?

Aufgaben

1. Erkläre für die verschiedenen Ursachen der Kurzsichtigkeit bzw. der Weitsichtigkeit die Wirkung der Brillengläser.
2. Der Augenarzt verschreibt Brillen mit folgenden Angaben:
   Person 1 rechts +1,0 dpt links +1,5 dpt
   Person 2 rechts −0,5 dpt links +0,5 dpt
   a) Was bedeuten diese Angaben?
   b) Welche Brennweiten haben die einzelnen Brillengläser?
   c) Welche Augenfehler könnten die Personen haben?
3. Welche Augenkrankheit heißt „grauer Star“? Gibt es Hilfe?
4. Informiere dich in Physikbüchern über verschiedene Formen von Sammel- bzw. Zerstreuungslinsen. Warum benutzt man wohl für Brillengläser „konkavkonvexe“ Sammellinsen bzw. „konvexkonkave“ Zerstreuungslinsen?
5. Informiere dich über die Dioptrienzahlen für das rechte und das linke Auge bei den in Kaufhäusern angebotenen Lesebrillen. Wie beurteilst du solche Angebote?
6. Wie könnte man experimentell den Einfluss der Tränenflüssigkeit auf die Wirkung von Kontaktlinsen nachweisen?

6.1 Zur Korrektur von Sehfehlern mit Brillengläsern und Kontaktlinsen

	Kurzsichtigkeit	Weitsichtigkeit	Stabsichtigkeit
Ursachen	Der Brennpunkt liegt vor der Netzhaut, weil – der Augapfel zu lang ist, – die Augenlinse sich nicht ausreichend entspannen kann, – die Hornhaut zu stark gekrümmt ist.	Der Brennpunkt liegt hinter der Netzhaut, weil – der Augapfel zu kurz ist, – die Augenlinse sich nicht ausreichend krümmen kann, – die Hornhaut zu schwach gekrümmt ist.	Ein Punkt wird auf der Netzhaut als Stab abgebildet, weil – die Augenlinse oder – die Hornhaut nicht zentralsymmetrisch, sondern verkrümmt ist.
Wirkung	– Nur nahe Gegenstände werden deutlich gesehen. – Das Bild von entfernten Gegenständen entsteht vor der Netzhaut.	– Nur entfernte Gegenstände werden bei starker Linsenanspannung deutlich gesehen. – Das Bild von nahen Gegenständen entsteht hinter der Netzhaut.	Gegenstände werden verzerrt gesehen, zum Beispiel seitlich geneigt. Der Sehfehler heißt Astigmatismus („Punktlosigkeit").
Sehhilfe	Zerstreuungslinsen vermindern die Sammelwirkung der Augenlinse bzw. der Hornhaut.	Sammellinsen unterstützen die Sammelwirkung der Augenlinse bzw. der Hornhaut.	Linsen mit kombiniertem Kugel- und Zylinderschliff korrigieren Verkrümmungen.

Verschiedene Brillengläser zur Korrektur von Sehfehlern:

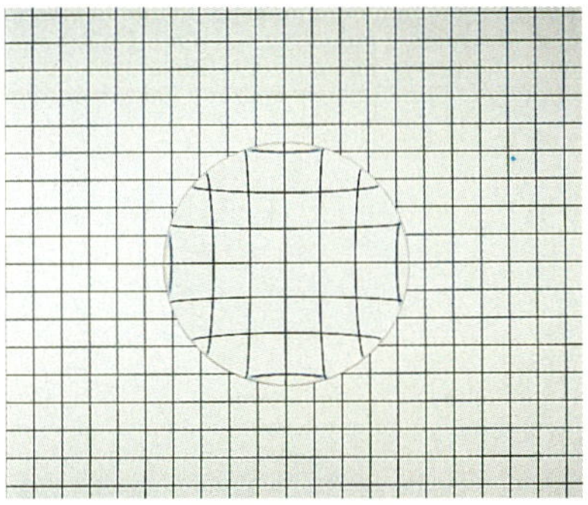
Bild 1a: Sammellinse

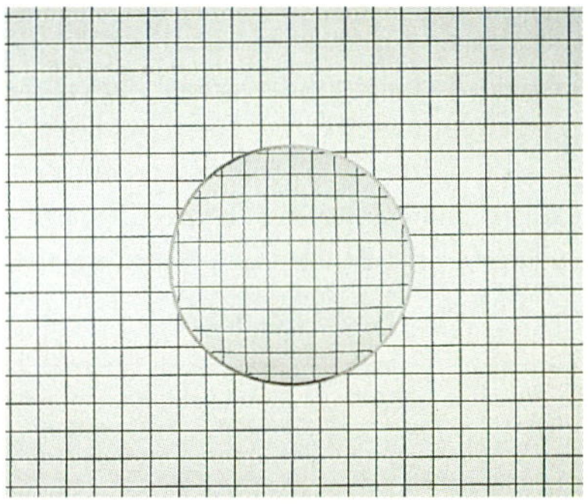
Bild 1b: Zerstreuungslinse

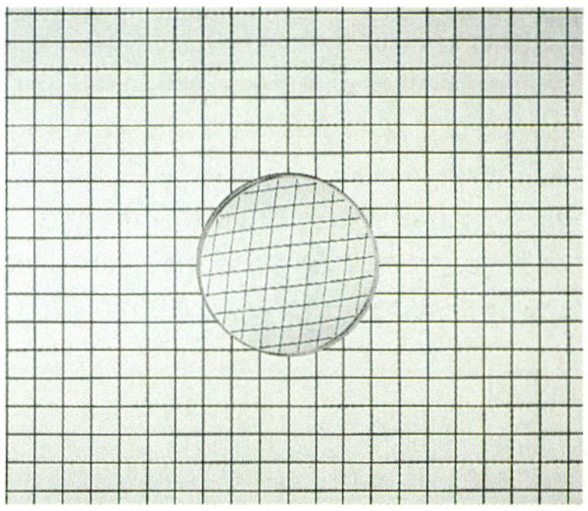
Bild 1c: Glas mit Kombinationen aus Kugel- und Zylinderschliff

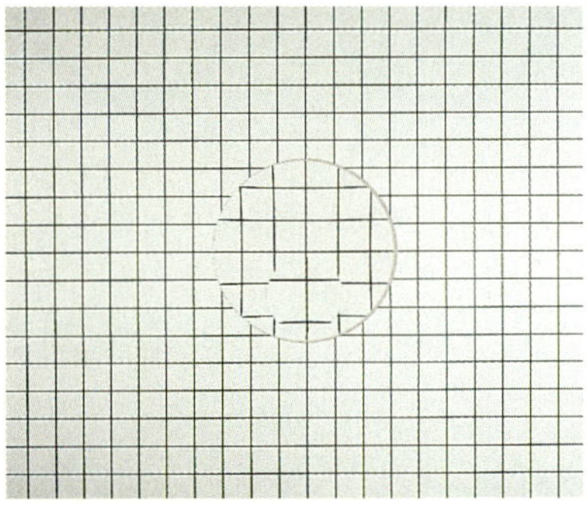
Bild 1d: Zweistärkenglas

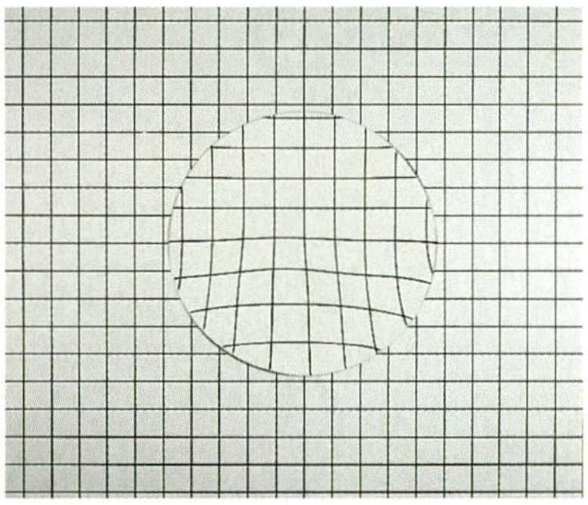
Bild 1e: Glas mit gleitendem Übergang von Fern- und Nahteil

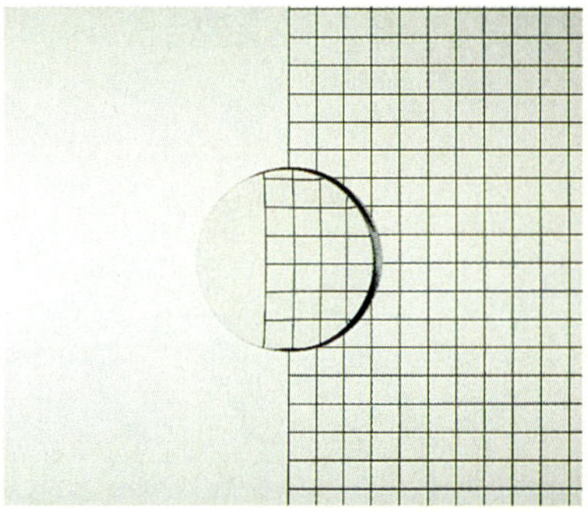
Bild 1f: Prismatisches Brillenglas zur Korrektur von fehlerhaften Augenstellungen

6.2 Brillen und ihre Geschichte

Brillen fördern seit dem 13. Jahrhundert die Entwicklung der menschlichen Kultur. Die vergrößernde Wirkung von Bergkristallen und gläsernen Kugelteilen wurde schon im Altertum als Lesehilfe benutzt. Diese „Lesesteine“ nannte man „beril“. Das Wort „Brille“ ist vermutlich der Plural von „beril“.
Aus verschiedenen Tatsachen schließt man, dass die Brille in Venedig erfunden wurde. Dort befand sich das erste europäische Zentrum für die Glasherstellung. Weil das Lesen und Schreiben im 13. Jahrhundert besonders in Klöstern gepflegt wurde, waren Mönche die ersten Brillenträger. Da sich die zwei Lesesteine in einer zusammengenieteten Fassung befinden, heißt diese Brillenform „Nietbrille“.
Glasmacher aus Nürnberg kamen auf ihrer Wanderschaft auch nach Venedig und brachten die Kunst des Brillenschleifens nach Deutschland. 1478 gab es in Nürnberg die erste Brillenmacherzunft. Die Brille förderte ab dem 15. Jahrhundert wesentlich die Entwicklung von Wissenschaft, Kunst und Handwerk. Ältere Menschen mit der Altersweitsichtigkeit konnten bis ins hohe Alter ihren Beruf fortsetzen.

Von der Sehhilfe zum Modeartikel. Nach der Erfindung des Buchdrucks durch *J. Gutenberg* im Jahre 1468 stieg der Bedarf an Brillen um ein Vielfaches. Die Nachfrage ließ das Handwerk der Linsenschleifer und Brillenmacher entstehen. Die Herstellung von Brillen konnte im 16. Jahrhundert nur aufblühen, weil billiges, durchsichtiges Glas zur Verfügung stand. Anfangs gelang es nur, konvexe Gläser zu schleifen. Deshalb war es zunächst nur möglich, Brillen für Weitsichtige herzustellen.
Ab 1500 gab es auch für Kurzsichtige Sehhilfen, man beherrschte jetzt das Schleifen von konkaven Gläsern.
Bei der Brillenform dominierte die Bügelbrille (Bild 2). Die Fassung bestand oft aus Horn oder Holz, später auch aus Leder. Ein Bügel hielt die kreisförmigen Gläser zusammen, mit ihm wurden diese „Nasenquetscher“ auf die Nase gedrückt.
Um den Brillen einen besseren Halt vor den Augen zu geben und zugleich den starken Druck auf die Nase zu vermindern, wurden bereits im 16. Jahrhundert Fadenbrillen oder Gewichtsbrillen (Bild 1) genutzt. Die Bänder wurden hinter den Ohren zusammengeknüpft oder über die Ohren gelegt und durch die Gewichte straff gespannt. Um die Hände freizuhaben, erhielten die Brillen eine Nasenstütze, eine Stirnstütze oder eine Aufhängung an der Mütze.

Bild 1: Asiatische Fadenbrille und Gewichtsbrille mit Nasen- und Stirnstütze

Bild 2: Bügelbrille aus Leder

Nach 1700 begann der Weg der Brillen zur Massenware. Dazu trugen vor allem zwei Neuerungen bei:

- Das langwierige Schleifen von Brillengläsern wurde durch das Pressen von Linsen mit einer Formzange ersetzt. Hierdurch wurden die Linsen wesentlich billiger, ihre Qualität war allerdings weniger gut.
- Zum anderen gelang es, Flachdraht herzustellen. Dies ermöglichte die Anfertigung von Brillengestellen aus Draht, wobei die Brillengläser von u-förmig gebogenem Flachdraht eingefasst wurden.

In jener Zeit kam eine weitere Brillenform auf. Es wurde die mit einer Hand zu haltende Scherenbrille konstruiert. Diese gab es sehr formenreich und künstlerisch gestaltet. Bei den ersten Exemplaren verdeckte der Stiel oder die Hand den Mund. Deshalb verlegte man den Stiel an die Seite.
Speziell für die Damen entstand die Lorgnette (Bild 1).
Die Herren jener Zeit benutzten als Statussymbol häufig das Monokel, auch Einglas genannt.
Gleichzeitig entstand die Schläfenbrille (Bild 2). Die zwei kurzen seitlichen Stangen drückten gegen die Schläfen und gaben der Brille besseren Halt. Die Stangen reichten nicht bis hinter die Ohren, die damals von der Perücke verdeckt waren.

Bild 1: Lorgnette

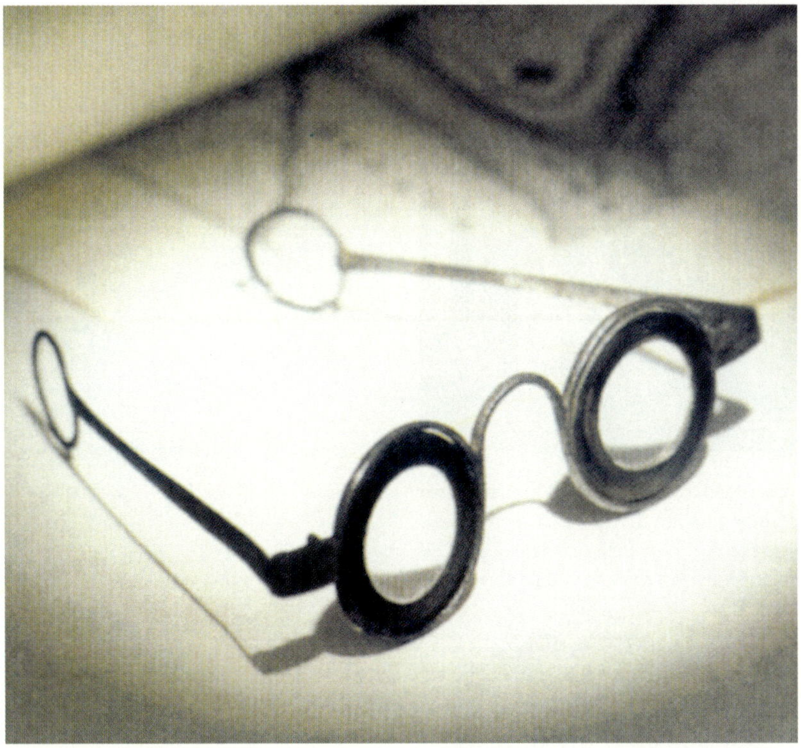

Bild 2: Schläfenbrille

Der Anfang des 19. Jahrhunderts brachte schließlich einen grundlegenden Wandel, es entstand eine physikalische Theorie der Brillengläser. Drei Verbesserungen sind besonders bedeutsam:

- *B. Franklin* (gewöhnlich nur als Erfinder des Blitzableiters bekannt) setzte ein halbes konvexes und ein halbes konkaves Glas erstmalig zu einem Zweistärkenglas (bifokales Brillenglas) zusammen. Dies half Menschen mit einer erheblichen Kurzsichtigkeit, bei denen später noch die Altersweitsichtigkeit hinzukam.
- Man begann Brillengläser als gebogene Linsen zu formen, denn man hatte festgestellt, dass solche Gläser das Sehfeld am Rand weniger verzerren als gerade.
- Es gelang, Gläser zur Korrektur des Astigmatismus zu schleifen.

Zu jener Zeit näherte sich die Brille auch ihrer heutigen Form. Mit dem Verschwinden der Perücken verlängerte man die Stangen der Schläfenbrille über die Ohren hinaus, es entstand die Ohrenbrille. Wenig später gab es die ersten Brillen mit klappbaren Farbschutzgläsern (Bild 1) als Sonnenschutz.
In den letzten Jahren entwickelte sich die Brille zur Modebrille. Wesentliche Verbesserungen der letzten Jahrzehnte sind u. a.:

- Brillengläser werden durch Aufbringen dünner Oberflächenschichten entspiegelt, Wasser abweisend und kratzfest hergestellt.
- Bifokalgläser und Trifokalgläser werden hergestellt.
- Heliomaticgläser passen sich aufgrund der in das Glas eingelagerten organischen Verbindungen der unterschiedlichen Intensität der Sonnenstrahlung an.
- Weiche Kontaktlinsen werden angeboten.
- Progressivgläser mit gleitendem Übergang vom Fernteil zum Nahteil werden auf computergestützten Schleifmaschinen hergestellt.
- Alle Brillengläser können aus stärker brechenden Glassorten oder Kunststoff hergestellt werden. Sie sind daher dünner und leichter.

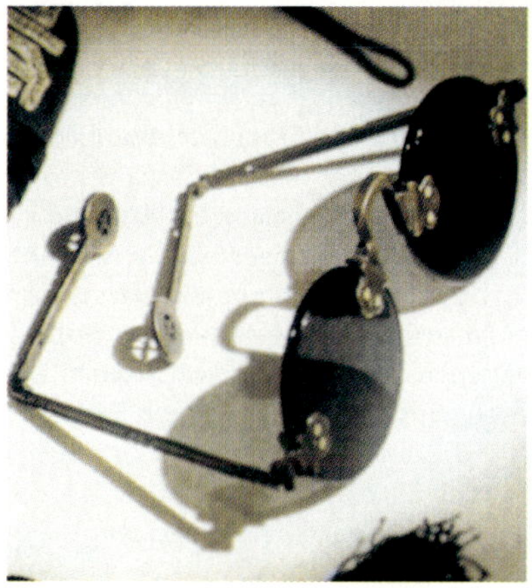
Bild 1: Brille mit Farbschutzgläsern

Handel mit Brillen. Bis in das vorige Jahrhundert stellten Brillenmacher Brillen auf Vorrat her, wobei sie zum Beispiel die Brillengläser für Altersweitsichtige nach Altersgruppen auswählten. Händler kauften diese Brillen und boten sie auf Märkten an. Durch Probieren fanden die Menschen ihre Brille heraus und kauften sie.

Bild 2: Brillenstand auf dem Markt

Brillen für Tiere. Bei der Untersuchung von Pferden, Kühen und Hunden hatte man festgestellt, dass viele Haustiere Sehstörungen haben. Um ihre Brauchbarkeit zu erhöhen, wurden um 1900 Versuche angestellt, ihnen Brillen anzulegen. Die Versuche führten nicht zu den erhofften Ergebnissen und man kam bald davon ab.

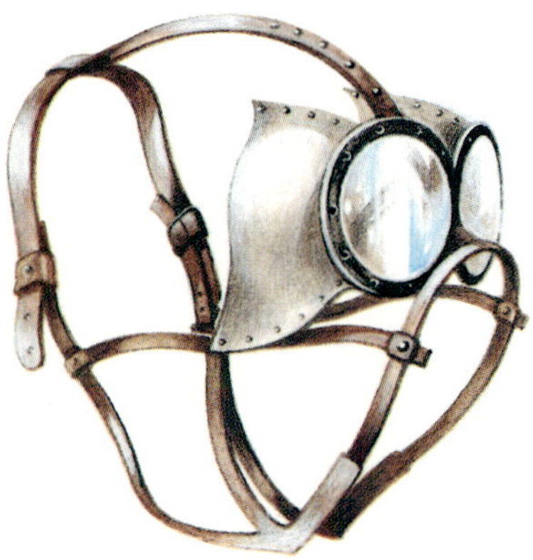
Bild 3: Hundebrille

Bild 4: Affe mit Brille

6.3 Auswahl und Herstellung von Brillengläsern

Erst ab Mitte des 19. Jahrhunderts bestimmten Augenärzte die Stärke der notwendigen Gläser. Dazu benutzten sie früher und benutzen sie heute Refraktionsgläserkästen. Anhand von Lesetafeln wird für den Patienten das Glas durch Probieren gefunden, mit dem er am besten lesen kann.
In der Zwischenzeit gibt es Refraktometer, mit denen der Optiker das richtige Brillenglas messtechnisch bestimmen kann. Dem Patienten werden Testzeichen (einsames weißes Segelboot im blauen Meer) auf die Netzhaut projiziert. Aus der Größe und Form des Bildes, das mit einem Mikroskop durch die Pupille hindurch beobachtet wird, ermittelt ein Computer die erforderlichen Brillengläser.

Bild 1: Aus optischem Rohglas werden bei hohen Temperaturen Rohlinge geformt und danach gefräst.

Bild 2: Die gefrästen Rohlinge werden auf halbrunde Linsenträger gekittet, die sich dann unter einer Schleifglocke drehen. Nach dem Schleifen werden sie abgekittet, gewaschen, erneut auf Linsenträger gekittet und poliert.

Bild 3: Abschließend werden die Brillengläser in Kalotten befestigt und in einer Hochvakuumanlage mit einer reflexmindernden Schicht versehen.

Zur Brillenherstellung stehen heute mehr als 40 000 verschiedene Arten Brillengläser zur Verfügung. Sie unterscheiden sich nach Wirkung, Form, Farbe und Größe.

7 Lupen helfen dem Auge

Lupen und Lesegläser lassen Feinheiten auf Gegenständen deutlicher erkennen. Lupen bestehen aus Linsen mit kleinem Durchmesser und werden direkt vor das Auge gehalten. Als Lesegläser dienen Linsen mit möglichst großem Durchmesser, sie werden dicht über den Lesetext gehalten.

Bild 1

Bild 2

Experimente und Beobachtungen

Zu Eigenschaften von Lupen und Lesegläsern

Experiment 1: Welche Linsen kann man als Lupe oder Leseglas benutzen? Prüfe die dir zur Verfügung stehenden Linsen.
Experiment 2: Wie weit muss man jeweils die Linsen vom Gegenstand (zum Beispiel dieser Schrift) entfernt halten, damit man, ohne die Augen anzustrengen, ein scharfes Bild sieht?
Experiment 3: Eignen sich auch Wasserlinsen als Lupe? Untersuche die Wirkung einer Tropfenlinse.
Eine Tropfenlinse kann man sich herstellen, indem man einen Tropfen Wasser auf ein durchsichtiges Lineal bringt.
Experiment 4: Welche mit Wasser gefüllten Gefäße (Flaschen, Rundkolben, Röhrchen) eignen sich als Lupe?

Zur Vergrößerung mit Lupen

Experiment 5: Wovon könnte die Vergrößerung einer Lupe abhängen?
Plane dazu ein Experiment und führe es durch.
Experiment 6: Zeichne im Abstand von 0,5 cm sieben jeweils 12 cm lange Linien parallel untereinander.
Wie kann man damit die Vergrößerung der Lupe zahlenmäßig abschätzen?
Überlege dir weitere Möglichkeiten.
Experiment 7: Kombiniere ähnlich wie bei einer Einschlaglupe zwei Linsen.
Welche Vergrößerungen kannst du jetzt erreichen?

Aufgaben

1. Informiere dich in Physik-Lehrbüchern, wie man die Gleichungen für die Vergrößerung $V_{Leseglas}$ und V_{Lupe} herleiten kann.
2. Berechne für einige, dir zur Verfügung stehende Linsen die Vergrößerung, wenn man sie als Leseglas benutzt.
Überprüfe die Ergebnisse mit derselben Methode wie im Experiment 6.
3. Die im Handel angebotenen Lupen erreichen maximal eine 20fache Vergrößerung. Warum strebt man wohl keine noch stärkere Vergrößerung an?
4. Warum erhöht sich die Vergrößerung bei Einschlaglupen mit Zusatzlinsen?
5. Als Vergrößerung für ein Leseglas wählt man eine 2- bis 3fache Vergrößerung. Warum wählt man keine noch stärkeren Vergrößerungen?
6. Informiere dich, für welche Tätigkeiten in der Arbeitswelt Lupen fest am Arbeitsplatz installiert oder stets griffbereit vorhanden sind. Durch welche Besonderheiten sind sie ihrer Anwendung angepasst?
7. Sobald eine Lupe von Olivenöl umgeben ist, verliert sie ihre Wirkung.
Prüfe diese Aussage. Warum ist das so?
8. Durch welche Besonderheiten zeichnen sich Lesehilfen aus, die im Handel für sehr stark sehbehinderte Menschen angeboten werden?

7.1 Lupen vergrößern den Sehwinkel

Will man auf einer Briefmarke Einzelheiten genauer betrachten, bringt man die Briefmarke so nah wie möglich an das Auge. Dadurch vergrößert sich der Sehwinkel α (Bild 1).
Näher als bis zum Nahpunkt braucht man die Briefmarke nicht zu bringen, es könnte kein scharfes Bild mehr auf der Netzhaut entstehen.
Einen noch größeren Sehwinkel erreicht man, wenn man eine Sammellinse vor das Auge hält (Bild 2). Die Sammellinse und die Augenlinse zusammen wirken wie eine Doppellinse, deren Brennweite wesentlich kleiner ist als die Brennweite der Augenlinse allein. Eine so benutzte Linse heißt Lupe.

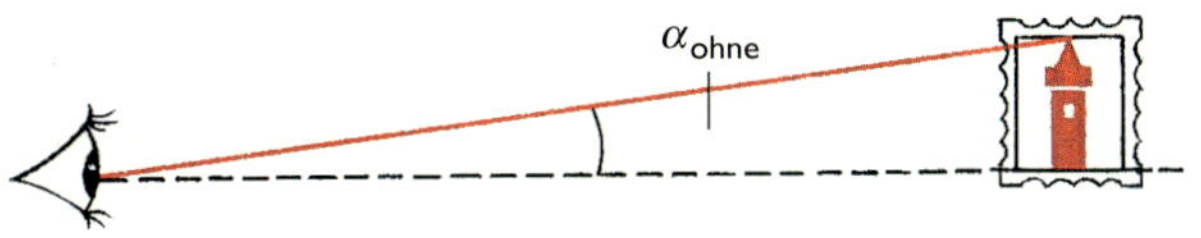

Bild 1: Sehwinkel α_{ohne} des Turms ohne Lupe

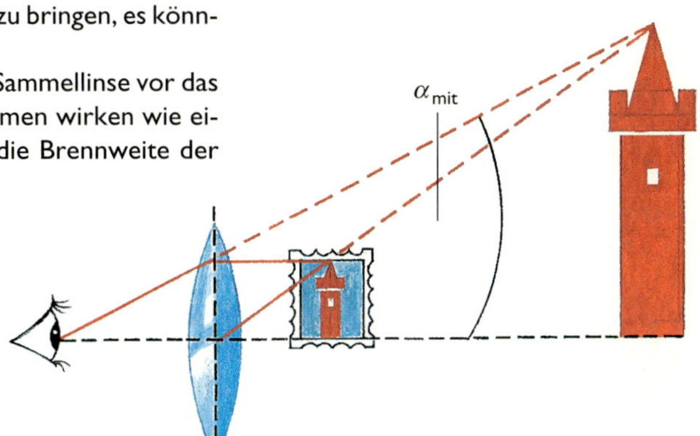

Bild 2: Sehwinkel α_{mit} des Turms mit Lupe

Damit von dem Turm auf der Briefmarke ein aufrechtes Bild entsteht, muss sich die Briefmarke innerhalb der einfachen Brennweite der Lupe befinden. Größe und Ort des scheinbaren Bildes hängen davon ab, wie weit die Briefmarke von der Linse entfernt gehalten wird. Für das Auge ist es am günstigsten, wenn das scheinbare Bild in der deutlichen Sehweite vor dem Auge entsteht.
Die Vergrößerung V einer Lupe kann man anhand der Bildkonstruktion aus dem Verhältnis der Sehwinkel α_{mit} mit Lupe und α_{ohne} ohne Lupe berechnen.
Die Vergrößerung V kann man auch ohne Bildkonstruktion aus der Brennweite f der Lupe und der deutlichen Sehweite s_0 = 25 cm berechnen. Dabei gelten für die Lupe und das Leseglas zwei verschiedene Gleichungen:

$V_{Lupe} = 1 + \frac{s_0}{f}$ $\quad$ $V_{Leseglas} = \frac{s_0}{f}$

7.2 Untersuchungen mit der Lupe

Struktur von Papier, Geweben und Schriften

- Untersuche die Struktur verschiedener Papiersorten von Filterpapier bis Hochglanzpapier. Beschreibe die Unterschiede und begründe diese.
- Untersuche und vergleiche die Struktur verschiedener Gewebearten.
- Versuche aus Besonderheiten der Struktur gedruckter Buchstaben herauszufinden, welche Schriftstücke aus demselben Drucker, aus derselben Schreibmaschine, aus derselben Zeitung stammen.
- Untersuche und vergleiche die Struktur von verschiedenen Geldscheinen.

Bild 3: Calzitkristall

Aufbau von Kristallen und Mineralien

- Vergleiche die Struktur von Zucker- und von Salzkristallen.
- Untersuche die Struktur verschiedener Gesteinsarten. Skizziere deine Beobachtungen. Versuche diese Unterschiede zu erklären. Benutze dazu Bücher über die Entstehung von Gesteinen.

Struktur von Farbbildern

Untersuche die Struktur von Farbbildern.
- Vergleiche dazu die Struktur von Farbfotografien mit Farbbildern in verschiedenen Büchern und Zeitschriften.
- Untersuche auch die Struktur der Farben in der Leuchtschicht auf dem Schirm eines Farbfernsehers.
  Verändere dazu die Einstellung des Empfängers so, dass kein Sender empfangen wird.
  Bringe auf die Scheibe einen Tropfen Wasser als Lupe.

Bild 1: Schuppe vom Karpfen

Feinbau von Pflanzen und Früchten

- Untersuche den Aufbau der Schalen verschiedener Früchte wie Apfelsine und Apfel.
  Skizziere die Struktur der Schalen, versuche die Unterschiede zu begründen.
- Untersuche und vergleiche die Struktur verschiedener Blüten.
  Skizziere deine Beobachtungen und beschrifte darin Staubbeutel, Staubfadenhaare, Pollen, Griffel, Pollenschlauch und Fruchtknoten.
- Untersuche und vergleiche die Struktur von Blättern verschiedener Pflanzen.
- Schneide die Stängel verschiedener Pflanzen mit einer Rasierklinge quer durch.
  Betrachte die Schnittflächen mit der Lupe und fertige eine Skizze an.
  Beschrifte darin das Grundgewebe und das Leitgewebe.
- Untersuche die Wurzelhaare an Kleinwurzeln von Kresse oder Radies, die in Petrischalen auf schwarzem Filterpapier angezogen wurden (Petrischale nur kurzzeitig öffnen; Wurzeln vertrocknen an der Luft in wenigen Minuten).
- Untersuche und vergleiche die Borke von Buche und Kiefer.
- Das rote Fruchtfleisch von Hagebutten enthält die Nüsschen. Sie werden manchmal als „Juckpulver“ benutzt.
  Welche Eigenschaft macht sie dafür geeignet?

Bild 2: Fruchtfleisch einer Orange

Kleinlebewesen

- Stich im Laubwald ein Stück Boden aus und bringe den unter der Streuschicht liegenden Boden mit. Bestimme einige der in diesem Boden lebenden Kleinlebewesen durch Vergleich mit Abbildungen in Biologie-Lehrbüchern.

Bild 3: Puppe des Kohlweißlings

7.3 Winzige Lupen waren die ersten leistungsfähigen Mikroskope

Einfache Mikroskope. Lupen waren im 17. und 18. Jahrhundert die ersten leistungsfähigen Mikroskope. Man nannte sie „einfache“ Mikroskope. Sie bestanden aus einer einzigen, aber winzigen Linse. Bis zum Beginn des 19. Jahrhunderts übertrafen sie mit ihrer Vergrößerung bei weitem die aus zwei Linsen bestehenden Mikroskope, die man „zusammengesetzte“ Mikroskope nannte.

Entdeckung des Blutkreislaufs. Bis ins 17. Jahrhundert wurde in der Medizin die Auffassung gelehrt, wonach das gesamte Blut in der Leber entsteht. Von der Leber sollte das Blut mithilfe des Herzens sowohl in den Arterien wie auch in den Venen zu allen Körperteilen fließen. Dort würde das Blut restlos verbraucht, sodass es keinen Rückfluss des Blutes zum Herz oder zur Leber gäbe. Im Jahre 1628 hatte dagegen der englische Mediziner *W. Harvay* (1578 bis 1658) im Ergebnis seiner Untersuchungen über den Aufbau und die Bewegung der Klappen im Herzen von Tieren festgestellt, dass das Blut nur in den Arterien vom Herzen wegfließen kann. Hieraus schloss er, dass es im tierischen und im menschlichen Körper einen Blutkreislauf gibt. Das stellte einen Wendepunkt in den Vorstellungen über die Vorgänge im Menschen dar.

Harvay konnte seine Theorie aber noch nicht vollständig beweisen. Dies gelang erst etwa 30 Jahre später mit einfachen Mikroskopen. Im Jahre 1658 entdeckte der niederländische Naturforscher *J. Swammerdam* (1637 bis 1680) die roten Blutkörperchen und bald darauf fand der italienische Arzt *M. Malpighi* (1628 bis 1694) die Blutkapillaren. Er erkannte sie bei der Untersuchung des Lungengewebes von Fröschen. Damit war 1661 der bis dahin nur behauptete Blutkreislauf vollständig nachgewiesen.

Entdeckung von Kleinstlebewesen. Der deutsche Naturwissenschaftler *A. Kircher* (1601 bis 1680) sah im Jahre 1646 mit einem einfachen Mikroskop in Essig und in Milch erstmals „Lebewesen“, die mit bloßem Auge nicht zu erkennen sind. Als Lupe diente ihm ein kleiner Glastropfen.

Die bedeutendsten Erfolge mit dem Mikroskop erreichte bald der niederländische Naturforscher *A. v. Leeuwenhoek.* Er betrieb ein Textilgeschäft. In seiner Freizeit schliff er Linsen. Es gelang ihm, winzige, nahezu kugelförmige und nur millimetergroße Linsen aus Glas oder Halbedelsteinen zu schleifen. Ihre Brennweite war kleiner als 1 mm. Aus solchen Linsen baute *Leeuwenhoek* einfache Mikroskope mit einer 270fachen Vergrößerung (Bild 1).

Anfangs wollte *Leeuwenhoek* nur dahinter kommen, welcher Stoff dem Pfeffer seinen typischen Geschmack gibt. Dazu hatte er Pfeffer zerstoßen und wochenlang in Wasser eingeweicht. Unter dem Mikroskop entdeckte er im Wasser winzige Tierchen. Bald erblickte er immer mehr Lebewesen aus der vordem völlig unbekannten Welt der Kleinlebewesen. Zum Beispiel fand er verschiedene Kleinstlebewesen im Teichwasser, Bakterien im Zahnbelag und die „Samentierchen“ (Spermatozoen) in der Samenflüssigkeit (Bild 2).

Leeuwenhoek entdeckte auch die Faserstruktur der Augenlinse. In der Schwanzflosse von Aalen beobachtete er den Blutkreislauf. Er fand auch hier die roten Blutkörperchen und die Kapillaren. Nach *Leeuwenhoek* fand die Mikroskopie ein vorläufiges Ende. Fast alle mit den damaligen Vergrößerungen möglichen Entdeckungen waren gemacht worden.

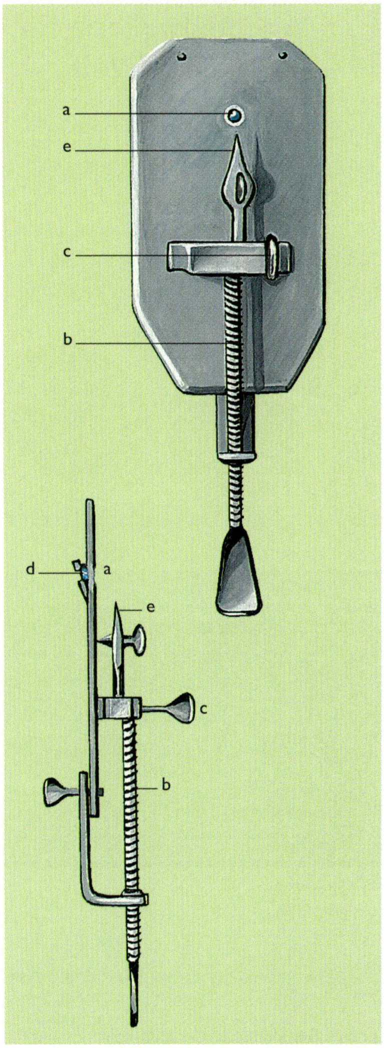

Bild 1: *Leeuwenhoeks* einfaches Mikroskop: Das Auge sah von hinten durch die winzige Linse a. Sie war zwischen zwei Platten bei d eingeklemmt. Die Stellung des Objekts auf der Spitze e konnte mit den Schrauben b und c verändert werden. Das Objekt konnte zusätzlich mit Hohlspiegeln belichtet werden.

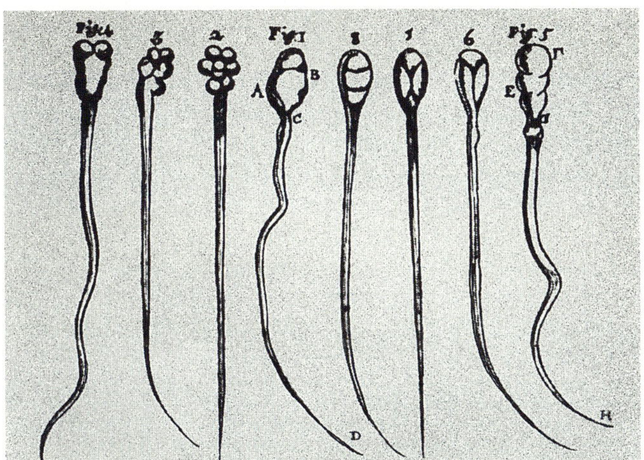

Bild 2: Spermatozoen von *Leeuwenhoek* gezeichnet

8 Mikroskope für die kleine Welt

In Laboren werden unter Mikroskopen zum Beispiel Wasserproben untersucht. Die Anzahl und die Art der darin erkannten Kleinstlebewesen geben Auskunft über den Zustand eines Gewässers. Das Foto zeigt verschiedene Algenformen bei etwa 50facher Vergrößerung.

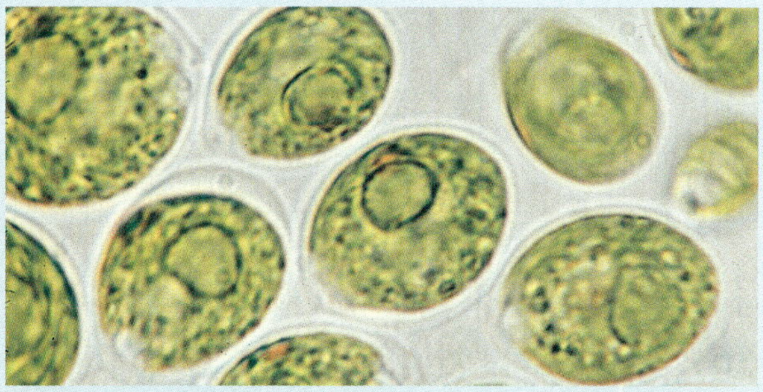

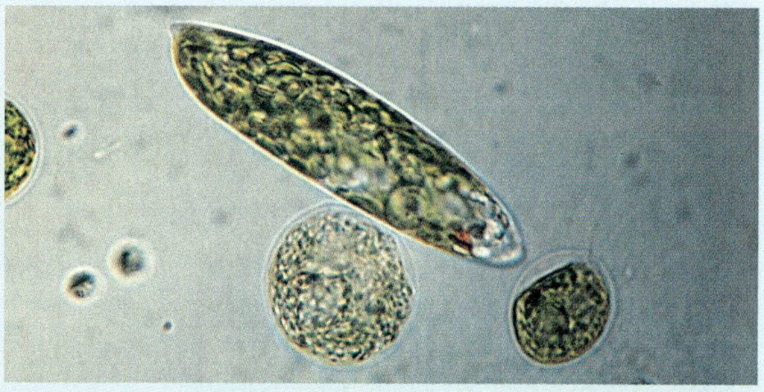

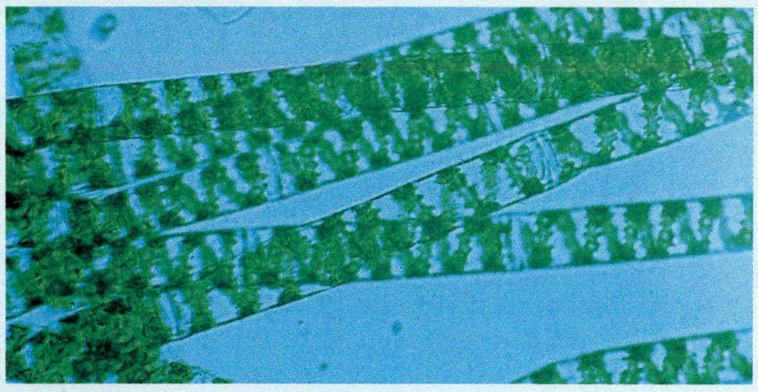

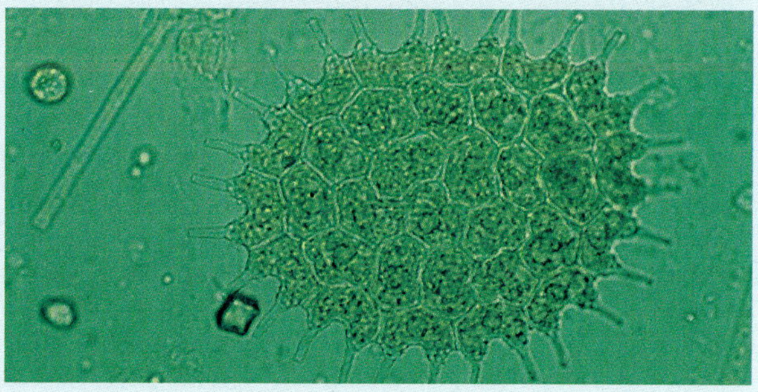

Bild 1,2,3,4

Experimente und Beobachtungen

Zum Bau des Mikroskops

Experiment 1: Baue dir selbst ein Mikroskop.
An jedem Mikroskop siehst du zwei Linsen, das Objektiv und das Okular. Versuche durch systematisches Probieren ein Mikroskop aufzubauen.
a) Befestige die Linsen und den Blendrahmen (als Objekttisch) wie im Bild 5.
b) Da du keine speziell für Mikroskope hergestellten Okulare hast, darfst du mit dem Auge nicht dicht an die Linse herangehen.
c) Der Abstand zwischen dem zu untersuchenden Objekt und dem Objektiv muss größer sein als beim Mikroskop.
d) Wie kannst du an dem Mikroskop eine Lampe für eine seitliche Beleuchtung bzw. für eine Durchleuchtung des Objekts anbringen?
e) Zeichne die Anordnung der Linsen (mit ihren Brennpunkten) und des Blendrahmens im Maßstab 1 : 2 auf.
Experiment 2: Kannst du die Schärfe besser mit dem Okular oder mit dem Objektiv korrigieren?

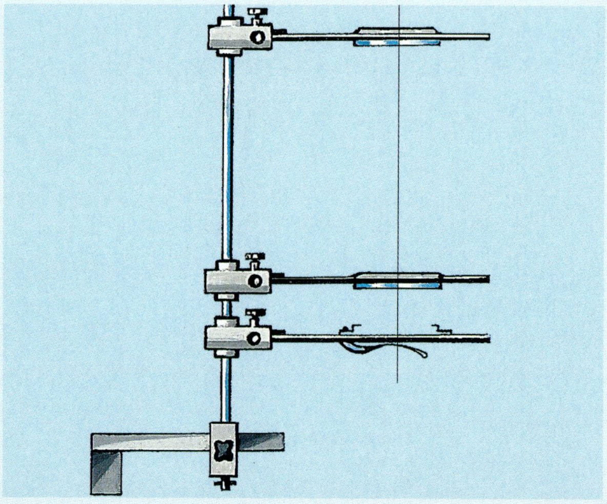

Bild 5

Zur Bildentstehung

Experiment 3: Wie entsteht das Bild im Mikroskop?
Baue die Experimentieranordnung wie im Bild 1 zusammen. Beginne mit der Lampe ganz unten.
a) Erzeuge von dem als Objekt dienenden Dia ein scharfes Bild auf dem Bildschirm.
b) Benutze die Linse $f = +100$ mm als Lupe und betrachte damit das Bild von oben.
c) Damit du es bequemer hast, befestige diese Lupe auch am Stativstab.

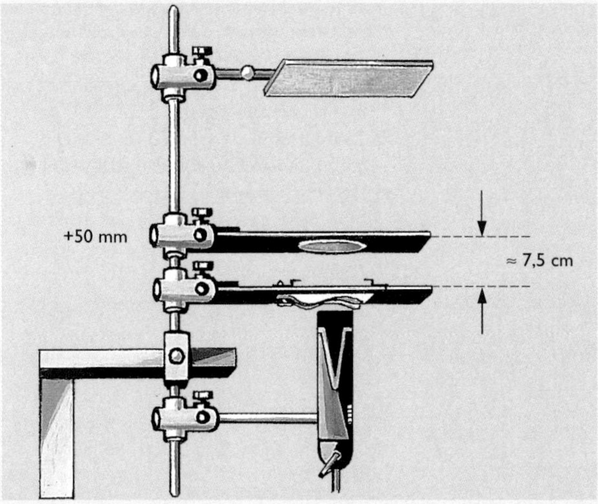

Bild 1

d) Stelle mit der eingespannten Lupe erneut ein scharfes Bild ein. Überlege: Wird das Bild durch die Lupe auch noch zu sehen sein, wenn du den Schirm herausnimmst?
e) Überprüfe deine Vermutung.
Damit die Glühlampe nicht blendet, kannst du in die Blendenführung der Lampe einen dünnen Papierstreifen schieben.

Zum Sehfeld

Experiment 4: Wie beeinflussen eine Feldlinse und eine Blende das Sehfeld im Mikroskop?
Befestige in der Kreuzklemme, in der bisher der Bildschirm eingespannt war (Bild 1), eine weitere Linse $f = +100$ mm. Man nennt eine solche Linse auch Feldlinse.
In welcher Entfernung vom Okular ist die günstigste Anordnung der Feldlinse und was bewirkt sie?
Blende die Feldlinse mit einer Papierblende so ab, dass nur etwa die innere Hälfte frei bleibt.
Welche Wirkung ergibt sich?

Zu Untersuchungen mit einem selbstgebauten Mikroskop

Experiment 5: Untersuche einige verschiedene Objekte im Durchlicht und im Auflicht.
Experiment 6: Wie kommt die unterschiedliche Schärfentiefe zustande?
Fülle dazu Wasserproben aus verschiedenen Gewässern und Aquarien in Küvetten und stelle diese auf den Diarahmen.

Aufgaben

1. Würde sich die Vergrößerung des selbstgebauten Mikroskops ändern, wenn man
   a) die Linsen für das Okular und das Objektiv vertauscht,
   b) die Gegenstandsweite des Objekts verändert,
   c) eine andere Linse benutzt?
2. Konstruiere das Bild in einem Kleinmikroskop. Verfolge dazu den Strahlenverlauf im Bild 1, S. 49.
   $f_{ob} = 12$ mm $f_{ok} = 20$ mm Tubuslänge $t = 68$ mm
   Gegenstandsgröße $G_{Pfeil} = 0{,}4$ cm
   Gegenstandsweite $g_{Pfeil} = 1{,}4$ cm
3. Berechne zur Überprüfung der Richtigkeit und Genauigkeit deiner Konstruktionen von Aufgabe 2
   a) den Ort und die Größe des Zwischenbildes und
   b) daraus den Ort und die Größe des Endbildes.
4. Was versteht man beim Betrachten von räumlichen Objekten (z. B. Wasserprobe) unter Schärfentiefe? Warum ist sie bei einem Objekt manchmal mehrfach nachzustellen?
5. Welche Zusammenhänge bestehen zwischen dem Bau des Kleinmikroskops C und der Gleichung 2, S. 48, für die Vergrößerung eines Mikroskops?
6. Welche Zusammenhänge bestehen zwischen dem Bau eines Arbeitsmikroskops und den Gleichungen 1 und 2, S. 48, für die Vergrößerung eines Mikroskops?
7. Warum kannst du mit selbstgebauten Mikroskopen nur kleine Vergrößerungen erreichen?
8. Gib für verschiedene, dir zur Verfügung stehende Mikroskope die Vergrößerungen a) des Objektivs, b) des Okulars und c) die Gesamtvergrößerungen an.
9. Informiere dich anhand von Werbematerialien verschiedener Mikroskophersteller über die Vergrößerungen der Objektive, der Okulare und die Gesamtvergrößerungen. Welche Angaben findest du zum Sehfeld der Mikroskope? Wie unterscheiden sich die Vergrößerungen bei einäugigen Mikroskopen und bei Stereomikroskopen?
10. Wo sind in der Arbeitswelt Mikroskope unentbehrlich? Versuche dorthin eine Exkursion für interessierte Mitschüler zu organisieren.
11. a) Gestalte ein Poster über Leben und Werk von *R. Hooke*, *E. Abbe*, *L. Pasteur* oder *R. Koch*.
    b) Gestalte ein Poster über ihre Untersuchungen mit dem Mikroskop.

8.1 Mikroskope vergrößern den Sehwinkel

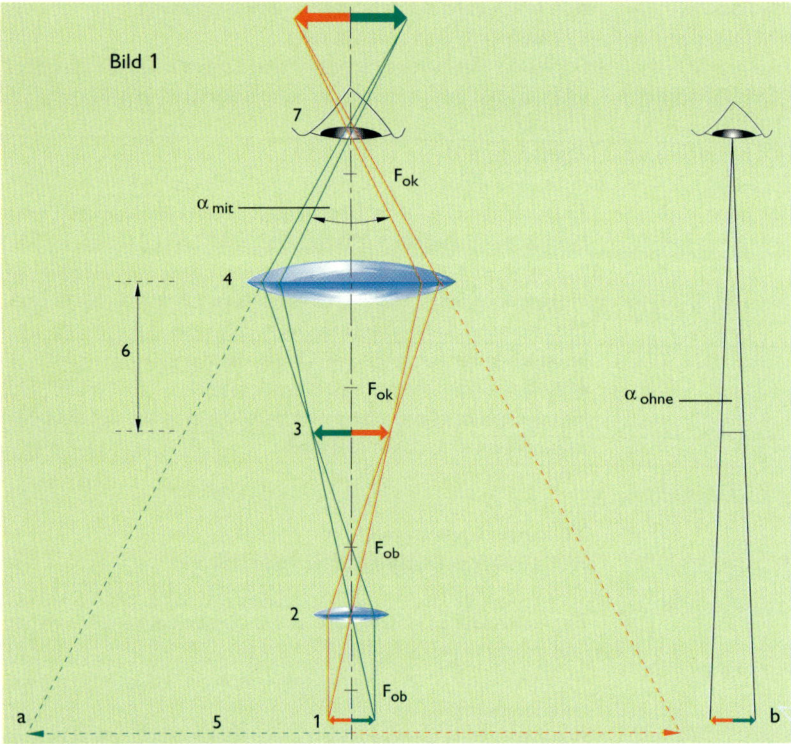

Bild 1a:
1. Ein Objekt (Pfeil) befindet sich nahe am Brennpunkt F_{ob} eines Objektivs.
2. Das Objektiv erzeugt vom Objekt ein seitenverkehrtes, vergrößertes und reelles Bild.
3. Dieses reelle Bild wird als Zwischenbild bezeichnet.
4. Das Zwischenbild wird mit dem Okular betrachtet, das als Lupe dient. Dazu wird das Okular so dicht an das Zwischenbild gebracht, dass es sich innerhalb der Brennweite des Okulars befindet.
5. Das Okular erzeugt ein vergrößertes und scheinbares Bild.
6. Der Abstand zwischen dem Zwischenbild und dem Okular wird so gewählt, dass das scheinbare Bild in der deutlichen Sehweite von 25 cm vor dem Auge entsteht.
7. Das Auge sieht das scheinbare Bild des Objekts unter dem Sehwinkel α_{mit}.

Bild 1b: Ohne Mikroskop würde das Auge das Objekt unter dem Sehwinkel α_{ohne} sehen.

Die Vergrößerung eines Mikroskops kann anhand der Bildkonstruktion aus dem Verhältnis des Sehwinkels α_{mit} mit Mikroskop und des Sehwinkels α_{ohne} des bloßen Auges ohne Mikroskop ermittelt werden.
Die Vergrößerung V kann man auch nach folgenden Gleichungen berechnen.
Gleichung 1:

$$V_{Mikroskop} = V_{ob} \cdot V_{ok}$$

V_{ob} Vergrößerung des Objektivs
V_{ok} Vergrößerung des Okulars

Diese Angaben sind an den Okularen und Objektiven eingraviert.

Gleichung 2:

$$V_{Mikroskop} = \frac{s_0 \cdot t}{f_{ob} \cdot f_{ok}}$$

s_0 deutliche Sehweite (25 cm)
f_{ob} Brennweite des Objektivs
f_{ok} Brennweite des Okulars
t Tubuslänge (Abstand zwischen dem Brennpunkt des Okulars und dem Brennpunkt des Objektivs)

Diese Gleichung gilt nur für den Fall, dass das Bild in der deutlichen Sehweite entsteht.

Die Vergrößerung von Mikroskopen kann man nicht beliebig erhöhen. Die Natur des Lichtes und der Bau des Auges setzen dafür eine Grenze. Als maximale Vergrößerung könnte bei Verwendung von weißem Licht eine 2 000fache Vergrößerung erreicht werden. Diese ist aber praktisch ohne Bedeutung, denn bei einer 1 000fachen Vergrößerung ist die Grenze für die Informationsverarbeitung durch das Auge erreicht. Deshalb liegt die Grenze für eine sinnvolle Vergrößerung des Lichtmikroskops bei einer 500fachen bis 1 000fachen Vergrößerung.
Elektronenmikroskope erreichen wesentlich höhere Vergrößerungen. Sie nutzen nicht Licht, sondern Elektronenstrahlen.

8.2 Aufbau von Mikroskopen

Die Bilder 1 und 2 zeigen den Aufbau des Kleinmikroskops und eines Arbeitsmikroskops mit Revolverobjektiv. Bei allen Mikroskopen bestehen die Okulare und Objektive aus mehreren Linsen, um die unterschiedlichen Linsenfehler zu korrigieren und ein großes, helles und bis zum Rand scharfes Sehfeld zu erreichen. Okulare bestehen aus einer Feldlinse und einer achromatischen Augenlinse. Die Objektive sind aus einer Frontlinse und einer achromatischen Linse zusammengesetzt. Im Arbeitsmikroskop lenken Prismen die Richtung der Lichtstrahlen um. Dadurch ist eine bequemere Arbeitshaltung möglich.

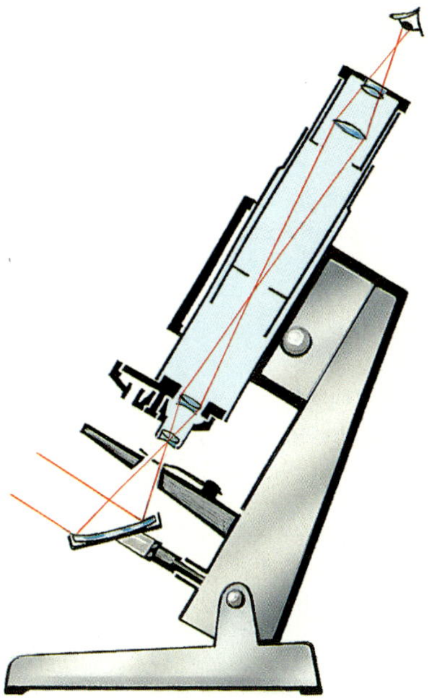

Bild 1: Kleinmikroskop

8.3 Untersuchungen mit dem Mikroskop

Hinweise zum Mikroskopieren

- Der Erfolg beim Mikroskopieren hängt von einer guten Beleuchtung ab. Entscheide jeweils, ob du mit Auflicht oder Durchlicht besser beobachten kannst.
- Der Erfolg der Beobachtung hängt von guten Schnitten durch das Objekt ab. Führe diese mit einer Rasierklinge aus. Lege dazu das Objekt auf eine feste Unterlage. Halte es mit Daumen und Zeigefinger fest und ziehe die Rasierklinge vorsichtig am Fingernagel entlang. Mit etwas Übung werden die Schnitte so dünn, dass man sie im Wassertropfen auf einem Objektträger im Durchlicht betrachten kann.
- Die meisten Objekte können trocken auf der Glasscheibe liegen. Bei Flüssigkeiten genügt ein kleiner Tropfen (zwischen zwei Glasscheiben oder in einem Uhrglas).
- Der Erfolg ist größer, wenn du Literatur mitbringst, in der du Abbildungen und Hinweise zu dem findest, was du besonders betrachten willst.
- Skizziere deine Beobachtungen und notiere die jeweils gewählte Vergrößerung.
- Im Folgenden bedeuten (A) Auflicht, (D) Durchlicht.

Aufträge für Untersuchungen mit dem Mikroskop

1. Abschätzen der Größe von Objekten

- Schneide aus Millimeterpapier ein Stück (etwa 1 cm^2) heraus und lege es auf einen Objekttisch. Miss damit das Beobachtungsfeld aus.
  Für sehr große Vergrößerungen kann man zuvor die Fläche von 1 mm^2 unter einer Lupe noch weiter unterteilen.
- Notiere für verschiedene Vergrößerungen die Größe des Beobachtungsfeldes.
- Wie groß wäre ein Objekt, das bei maximaler Vergrößerung gerade so groß wie der Durchmesser des gesamten Beobachtungsfeldes ist?
- Wie groß müsste wohl der Abstand zweier Punkte auf einem Objekt sein, damit man diese bei maximaler Vergrößerung gerade noch als getrennt erkennen kann?
- Bestimme die Maße verschiedener Objekte wie zum Beispiel den Durchmesser eines Haares.
- Bestimme den Abstand zweier Rillen auf einer alten Schallplatte.

2. Struktur von Papier und Geweben

- Betrachte verschiedene Papiersorten und unterschiedliche Gewebearten (A und D).

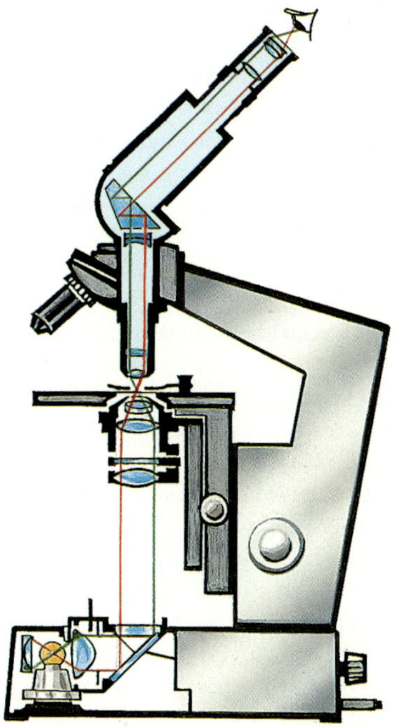

Bild 2: Arbeitsmikroskop

3. Aufbau von Kristallen und Mineralien
- Bringe Abbildungen über verschiedene Kristallformen mit und versuche, die Formen der betrachteten Kristalle zu bestimmen.
- Beobachte das Wachstum eines Kristalls aus Kaliumpermanganat (A). Das Wachsen wird beschleunigt, wenn man die Lösung mit einer Wärmequelle, z. B. mit einer Glühlampe, bestrahlt.
- Betrachte die Bruchstellen von gesammelten Mineralien (Quarz, Glimmer usw.).

Bild 1: Schwefelkristall

4. Kratzspuren
- Kratze einige Metallflächen fein mit lackierten Materialien, wobei die farbigen Kratzspuren auf den Metallflächen mit bloßem Auge nicht sichtbar sein sollen. Bestimme unter dem Mikroskop, welche Metallflächen mit welchen Materialien gekratzt wurden.

5. Haare, Flügel und Sekrete von Insekten
- Betrachte die Haare am Bein einer Stubenfliege (A).
- Betrachte die feine Äderung und die dazwischen liegenden, durchsichtigen Membranen im Flügel einer Fliege (D).
- Betrachte die Schuppen auf dem Flügel eines Tagfalters, der den Winter in einer Dachkammer oder in einem Keller nicht überlebte (A).
  Streife einzelne Schuppen vorsichtig mit einem Pinsel ab und betrachte diese im Durchlicht.
  Haben die Schuppen echte Farben oder sind es Interferenzfarben?
- Vergleiche die Mundwerkzeuge eines Schmetterlings (Nektarsauger) und einer Mücke (Blutsauger) (A).
- Betrachte in ähnlicher Weise Käferflügel (A), den Stachel einer Wespe (A) und Schuppen eines Silberfischchens (A und D).
- Lass eine kleine Spinne von der Hand fallen. Wickle den Faden der Spinne mehrmals um eine Glasplatte. Bringe auf eine andere Glasplatte einen Klebe-faden aus einem Spinnennetz. Untersuche und vergleiche die zwei Spinnenfäden.

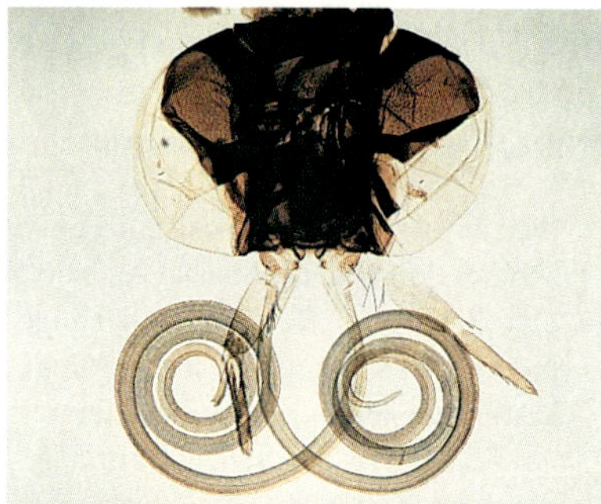
Bild 2: Saugrüssel vom Schmetterling

6. Haare, Federn und Schuppen
- Betrachte den Zustand deiner Haarspitzen, eines mit der Schere abgeschnittenen, eines mit dem Messer durchgerissenen Haares und eines mehrmals gefärbten Haares.
- Betrachte Daunenfedern und Schwungfedern eines Vogels. Wie halten die feinen Strahlen einer Schwungfeder zusammen? Warum fehlt dieser Zusammenhalt bei einer Flaumfeder?
- Betrachte das Schuppenkleid auf dem Häutungsrest einer Blindschleiche (A).
- Betrachte die Federn eines Pfaus (A). Wie entsteht der Farbeindruck der Federn?
- Betrachte verschiedene Fischschuppen.

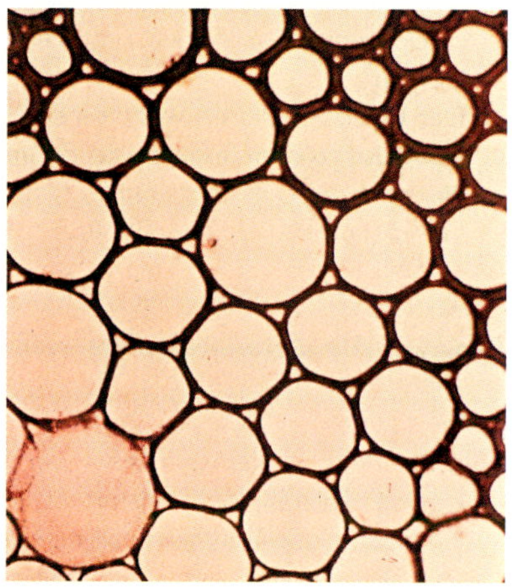
Bild 3: Holundermarkzellen

7. Feinbau von Pflanzen
- Betrachte die Zellen der Oberfläche eines Grashalms (A). Diese Struktur kann man auch im Durchlicht sichtbar machen. Bestreiche dazu den Halm mit etwas farblosem Nagellack. Ziehe nach 10 Minuten den feinen Film mit einer Pinzette ab und lege diesen auf einen Objektträger. Im Durchlicht werden die Grenzen der einzelnen Zellen sichtbar.
  Stimmen zwei Grasarten in der Struktur ihrer Zellen überein?
- Betrachte das Blatt einer Königskerze (A). Die verzweigten Haare schützen das Blatt vor Austrocknung.
- Zupfe im Auflicht von einer Brennnessel ganz vorsichtig ein Haar ab und betrachte es im Durchlicht.
  Wo bricht es ab, wenn man die Brennnessel berührt?

Bild 4: Zwiebelwurzelzellen

- Betrachte ein Moosblättchen, am besten ein Torfmoos (D). Einzelne Zellen sind klar zu erkennen. Die großen, durchsichtigen Zellen speichern Wasser, die grünen, kleinen Zellen fangen das Licht ein und ernähren das Pflänzchen.
- Zerschneide den Stängel einer Binse oder einer Taubnessel mit der Rasierklinge. Betrachte die Schnittflächen mit dem Mikroskop.
- Betrachte Holundermark und Flaschenkork unter dem Mikroskop.
- Zerschneide eine Küchenzwiebel so, dass du an einer inneren Schale ein dünnes Häutchen abziehen kannst. Betrachte es unter dem Mikroskop.
  Zeichne deine Beobachtung und vergleiche sie mit der Abbildung in einem Buch.
- Zerschneide Kerne von Nüssen und Äpfeln, Erbsen und Bohnen, und betrachte deren Struktur.
- Betrachte den Fruchtknoten einer Tulpe (A, D).
- Betrachte die Sporen eines Schachtelhalms (A).
- An den Unterseiten der Pflanzenblätter befinden sich winzige Schlitze, sie heißen Spaltöffnungen. Die Pflanze kann die Weite der Öffnungen verändern und somit den Gasaustausch für die Photosynthese und die Wasserverdunstung regeln.
  Betrachte und vergleiche die Anzahl der Spaltöffnungen je 1 mm^2 Oberfläche von verschiedenen Blättern (Geranie, Sonnenblume, Erbse, Kartoffel usw.). Untersuche jeweils die Ober- und die Unterseite der Blätter.

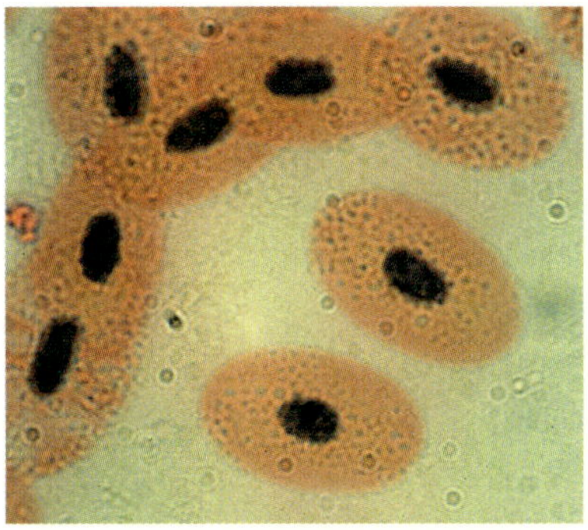

Bild 1: Rote Blutkörperchen im Fischblut

8. Blutkreislauf
- Betrachte die roten Blutkörperchen in einem vom Lehrer zur Verfügung gestellten Blutpräparat (D). Zur Herstellung von Blutpräparaten kann Frischblut mit Kochsalzlösung verdünnt werden (1 g Salz auf 1 l Wasser).
  Beobachte auch weiße Blutzellen und Blutplättchen (D).

9. Bakterien
- Entnimm einige Zeit nach dem Zähneputzen etwas vom Zahnbelag und löse den Belag in einem Tropfen Wasser (D). Die im Belag enthaltenen Bakterien sind harmlose „Mitesser". (Bringe Abbildungen von Zahnschleimbakterien mit.)

10. Kleinstlebewesen im Wasser
- Informiere dich über das Aussehen und die Bezeichnung von Kleinstlebewesen im Wasser. Bringe Abbildungen mit.
- Betrachte und notiere Kleinstlebewesen im Wasser (D) aus einem Heuaufguss, Aquarium, Tümpel, fließenden Gewässer und im Abwasser.
  Wo gibt es die meisten Arten von Kleinstlebewesen und wo die größte Anzahl? Oft findet man Wimperntierchen, sie verraten sich durch den schnellen Schlag ihrer Wimpern. Für eine ruhige Beobachtung gibt es einen Trick: Sauge das Wasser unter dem Deckglas mit einem kleinen Zellstoffstück ab. Die Tierchen sitzen fest und lassen sich ruhig betrachten.
- Sammle untergetauchte Blätter zarter Wasserpflanzen und betrachte die an Blatträndern aufsitzenden Lebewesen (D).
  Feinste Algen, mit etwas Glück auch Glockentierchen, sind zu finden. Noch besser ist es, einen Objektträger für eine Woche auf ein Drahtgestell in einen Tümpel zu legen. Die Tierchen sitzen dann direkt darauf.

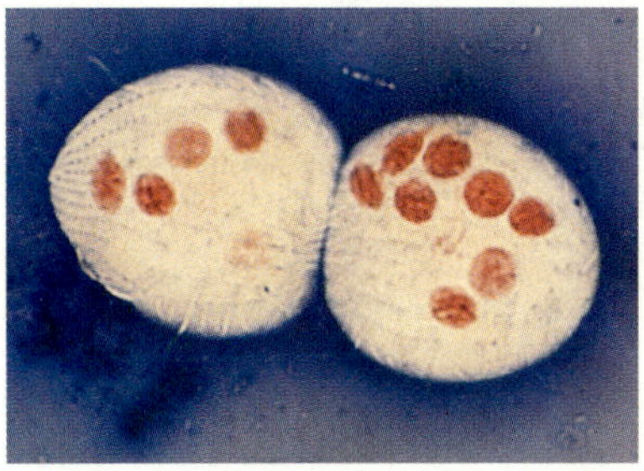

Bild 2: Wimperntierchen

11. Einfärben von Präparaten
- Gib ein Stückchen Zwiebelhaut in einen Wassertropfen auf einem Glasträger und lege darüber ein Deckglas.
  Bringe mit einer Pipette einen Tropfen Methylenblau-Lösung oder Eosin-Lösung an den Rand des Deckgläschens und sauge dann mit Filterpapier von der anderen Seite her an. Achtung: Es darf keine Farbstofflösung an die Objektivlinse oder auf das Deckglas kommen.

8.5 Von der Entwicklung des Mikroskops und den mit ihm gemachten Entdeckungen

Die Erfindung des zusammengesetzten Mikroskops. Die Möglichkeit, zwei Linsen zu kombinieren und dadurch stärkere Vergrößerungen zu erreichen, erwähnte 1538 erstmals der italienische Arzt *G. Fracastoro*. Doch erst 50 Jahre später, im Jahre 1590, verwirklichten der niederländische Brillenmacher *H. Janssen* und sein Sohn *Z. Janssen* diese Idee. Diese ersten zusammengesetzten Mikroskope, bei denen die Linsen in einfachen Pappröhrchen montiert waren, hatten viele Schwächen. Die Gründe dafür waren vielfältig. *Janssen* konnte die Linsen noch nicht berechnen und die Qualität des Glases war ungenügend, es enthielt Verunreinigungen und Schlieren. Hinzu kamen Farbfehler der Linsen.

Erste systematische Beobachtungen an Insekten. Vom niederländischen Zeichner *J. Hoefnagel* sind die ersten Beobachtungen von Insekten bekannt. Im Jahre 1592 schuf er auf 50 Kupferstichtafeln Abbildungen von Insekten, wie er sie unter dem Mikroskop sehen konnte. Im Jahre 1624 veröffentlichte der Italiener *F. Stelluti* einen mit Zeichnungen versehenen Aufsatz über die Anatomie der Biene und den Aufbau des Insektenauges.

***Hooke* verbesserte das Mikroskop.** Der englische Physiker *R. Hooke* untersuchte als Erster die physikalischen Gesetze des Mikroskops. Er brachte an den Mikroskopen eine Beleuchtungslinse an (Bild 1). Später ersetzte man sie durch Spiegel. Außerdem führte er einen ausziehbaren Tubus und eine dritte Linse als Feldlinse ein. Diese vergrößerte das Sehfeld.
Trotz aller Verbesserungen erreichte er nur 17fache bis 170fache Vergrößerungen, also wesentlich geringere Vergrößerungen als *Leeuwenhoek* mit seinem „einfachen" Mikroskop gelangen. Besonders störend waren auch die Farbfehler und andere Linsenfehler.
In seinem reich bebilderten Buch von 1667 (Bild 2) beschrieb *Hooke* erstmals Hohlräume, die er in der Rinde der Korkeiche und im Holundermark entdeckt hatte. Er nannte sie Zellen.

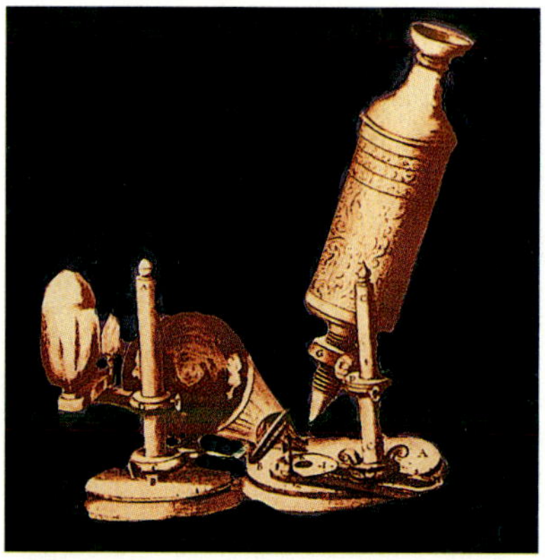

Bild 1: Mikroskop von *R. Hooke* (1665)

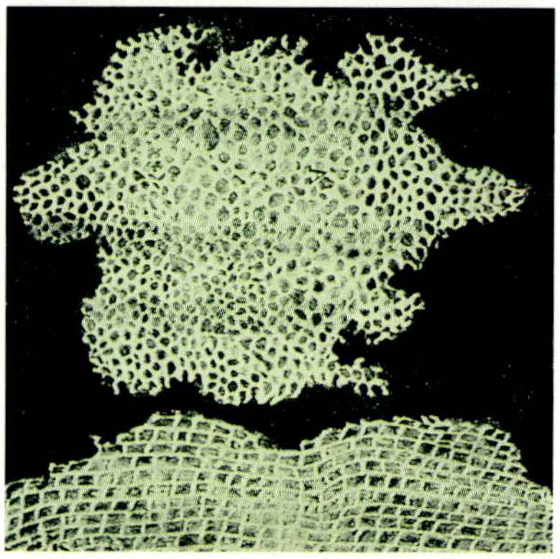

Bild 2: Korkzellen aus dem Buch von *R. Hooke* (1667)

Sonnenmikroskope. Das zusammengesetzte Mikroskop blieb dem einfachen Mikroskop noch mehr als 150 Jahre unterlegen. Es entstanden jedoch prachtvoll verzierte Mikroskope im Barockstil und Sonnenmikroskope (Bilder 1 und 2, S. 53). In den Salons naturwissenschaftlich interessierter Bürger erfreuten sie sich großer Beliebtheit.

***Amicis* Mikroskope übertrafen erstmals die einfachen Mikroskope.** In der 1. Hälfte des 19. Jahrhunderts baute der Italiener *G. B. Amici* die besten Mikroskope. Dies gelang ihm, weil er die Objektive und Okulare berechnen konnte, während man bisher die Linsen nur durch Probieren auswählte. Außerdem standen ihm neue Glassorten von *J. v. Fraunhofer* zur Verfügung, mit denen er bessere achromatische Linsen für die Objektive herstellen konnte. Er führte auch halbkugelförmige Frontlinsen ein. Um die Objektive noch besser berechnen und von Linsenfehlern befreien zu können, füllte er schließlich den Raum zwischen Objekt und Objektiv mit Wasser.
So erreichte *Amici* wesentlich stärkere Vergrößerungen als vordem. Wurden bisher im Mikroskop kleinste Teilchen von etwa 0,000 4 mm sichtbar, so sank diese Grenze nunmehr auf 0,000 3 mm herab.

***Abbe* vollendete den Bau von Mikroskopen.** Im Jahre 1866 begann der deutsche Physiker *E. Abbe* seine Arbeit in den Optischen Werkstätten von *C. Zeiß* in Jena. Ihm gelang es, die Theorie der Bildentstehung im Mikroskop so zu verbes-

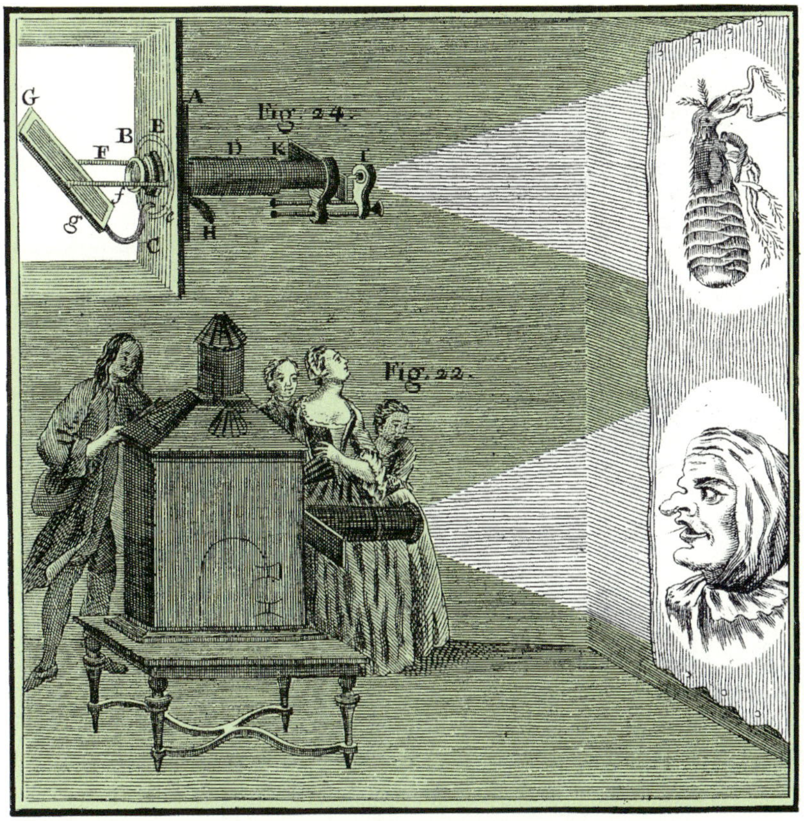

Bild 1: Barockes Prunk-Mikroskop

Bild 2: In einem Salon um 1750.
Oben befindet sich ein Sonnenmikroskop und darunter eine Laterna Magica. Der Spiegel lenkt Sonnenlicht auf eine Röhre, in der es gebündelt wird und durch das Präparat in ein Mikroskop gelangt. Die Linsen im Mikroskop wurden so gewählt, dass sie das Bild auf eine Wand projizierten.

sern, dass die nach seinen Berechnungen gebauten Mikroskope in aller Welt begehrt wurden. Nach seinen Angaben wurden für diese Objektive im Glaswerk von *O. Schott* neue Glassorten entwickelt. Aus seinen Berechnungen erkannte er auch, dass man für besonders hohe Vergrößerungen den Raum zwischen Objekt und Objektiv mit Zedernöl und nicht mit Wasser füllen musste. Seine Mikroskope erreichten mit einer fast 2 000fachen Vergrößerung die Leistungsgrenze für Lichtmikroskope.

***Koch* entdeckte die Bakterien.** In der Mitte des 19. Jahrhunderts kam der französische Forscher *L. Pasteur* (1822 bis 1895) zu der Überzeugung, dass bestimmte Krankheiten durch Bakterien hervorgerufen werden.
Hierfür fand *R. Koch* (1843 bis 1910) mit den neuen Mikroskopen von *E. Abbe* den Beweis. Im Jahre 1876 gelang es *Koch*, die glasklaren, durchsichtigen Bakterien einzufärben. Dadurch ließen sie sich besser unterscheiden und als Beweis konnte er sie auch fotografieren.
Koch entdeckte mit seiner Färbemethode die Erreger für Milzbrand, Tuberkulose und Cholera.

Moderne Mikroskope. Heute nutzt man Lichtmikroskope nicht mehr allein in der Forschung, ebenso wichtig sind sie für die Überwachung von Produktionsabläufen (zum Beispiel in der elektronischen Industrie) oder als Operationsmikroskope (Bild 3).
Feine Gewebestrukturen im Auge und Ohr, bei Nerven und Blutgefäßen können nur mit optischer Vergrößerung beobachtet und operiert werden. Dafür wurden bequem manipulierbare Stereomikroskope mit großem Abstand zwischen Objekt und Objektiv entwickelt.

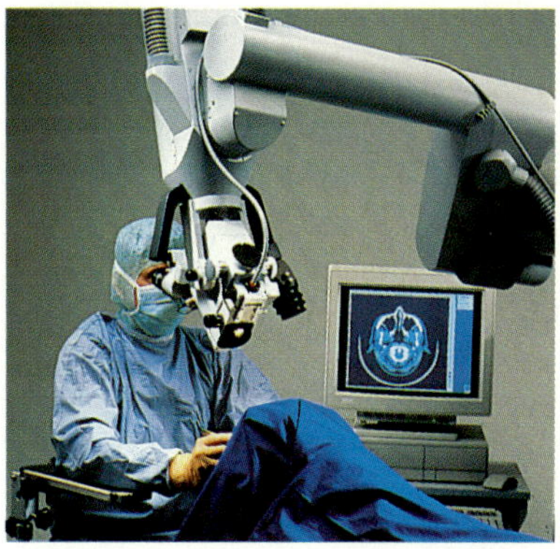

Bild 3: Modernes Operationsmikroskop mit angeschlossenem Bildschirm

9 Fernrohre für die große Welt

Informationen über das Universum erhalten wir aus der sichtbaren und unsichtbaren Strahlung, die zur Erde gelangt. Mit bloßem Auge kann man Licht wahrnehmen, das mehrere tausend Jahre unterwegs ist, also über 10^{16} km zurückgelegt hat. Mit großen Fernrohren möchte der Mensch bis ans „Ende" der Welt sehen. Das Bild zeigt das Spiegelfernrohr des Mount-Palomar-Observatoriums in den USA.

Bild 1

Experimente und Beobachtungen

Versuche niemals mit ungeschützten Augen oder gar mit einem Fernglas in die Sonne zu blicken. Schwerste Augenschäden bis zum Erblinden wären die Folge!

Zum Bau des Fernrohrs

Experiment 1: Baue dir selbst ein Fernrohr. An den meisten Fernrohren sieht man zwei Linsen, das Objektiv und das Okular. Versuche durch systematisches Probieren zwei Linsen zu einem „Fernrohr" zu kombinieren.
Befestige die Linsen wie im Bild 2. Die Schrauben der Kreuzmuffen zeigen nach verschiedenen Seiten. So fällt das Fernrohr nicht um, wenn man es absetzt.
Da du keine speziell für Fernrohre hergestellten Okulare mit Augenmuscheln hast, darfst du das Auge nicht bis an die Linse heranhalten.

Zeichne die Anordnung der Linsen (mit ihren Brennpunkten) im Maßstab 1 : 2. Welche Zusammenhänge erkennst du
a) für die Brennweiten von Objektiv und Okular,
b) für den günstigsten Abstand beider Linsen und
c) für die Art des Bildes?
Kannst du die Schärfe besser mit dem Okular oder mit dem Objektiv korrigieren?

Bild 2

Zur Bildentstehung

Experiment 2: Wie entsteht das Bild im Fernrohr? Baue die Experimentieranordnung wie im Bild 1 auf. Benutze als Objekt ein beleuchtetes Dia oder eine Kerze.
Erzeuge von dem Objekt ein scharfes Bild auf dem transparenten Bildschirm.
Benutze die Linse $f = +50$ mm als Lupe und betrachte das Bild von der Rückseite des Schirmes.
Damit du es bequemer hast, befestige diese Lupe auch am Stativstab.
Stelle mit der eingespannten Lupe erneut ein scharfes Bild ein. Überlege: Wird das Bild durch die Lupe auch noch zu sehen sein, wenn du den Schirm herausnimmst?
Überprüfe deine Vermutung.

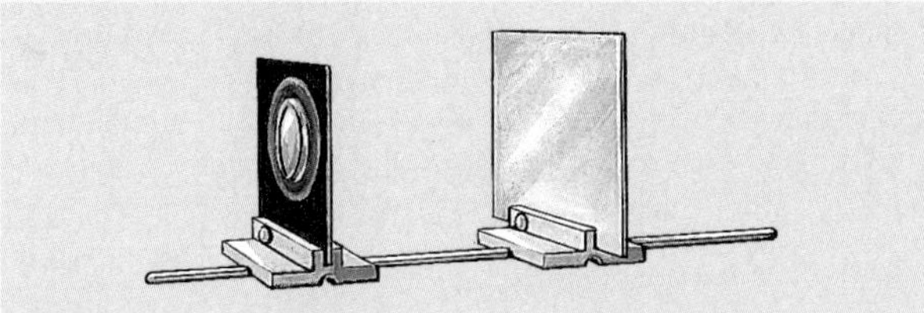

Bild 1

Experiment 3: Wie kannst du mit einer Umkehrlinse das Bild im Kepler-Fernrohr „vom Kopf auf die Beine stellen" und das Fernrohr nun als Erdfernrohr benutzen?
Du kannst zunächst versuchen, durch Probieren den Ort für die Umkehrlinse zu finden. Du kannst die Lösung eventuell schneller finden, wenn du im Abschnitt 2 nachschlägst.
Zeichne von deiner Lösung die Anordnung der Linsen im Maßstab 1 : 10. Gib darin Folgendes an:
a) die Abstände, Brennpunkte und Brennweiten der Objektivlinse, der Umkehrlinse und der Okularlinse,
b) die Aufgaben der einzelnen Linsen,
c) die Lage des vom Objektiv erzeugten Bildes und des von der Umkehrlinse erzeugten umgekehrten Bildes.
Versuche eine Gleichung zu finden, mit der man die Länge eines solchen Erdfernrohrs berechnen kann.

Zum Sehfeld

Experiment 4: Wie beeinflussen eine Feldlinse und eine Blende das Sehfeld im Fernrohr?
Befestige zwischen Objektiv und Okular eine dritte Linse ($f = +100$ mm). Man nennt sie Feldlinse, weil sie das Sehfeld beeinflusst.
In welcher Entfernung vom Okular ist die günstigste Anordnung der Feldlinse und was bewirkt sie?
Blende die Feldlinse mit einer Papierblende so ab, dass von der Linse nur eine Kreisfläche mit einem Durchmesser von etwa 2 cm bis 3 cm frei bleibt.
Welche Wirkung beobachtest du?

Experiment 5: Wie groß ist das Sehfeld eines Fernrohrs? Schätze das Sehfeld verschiedener Fernrohre, Ferngläser, Theatergläser und deines selbstgebauten Fernrohrs (mit und ohne Feldblende) ab. Gib dazu
a) den Durchmesser des Sehfeldes in einer von dir festgelegten Entfernung (zwischen 200 m und 1 000 m),
b) den Winkel des Sehfeldes an.

Zur Vergrößerung

Experiment 6: Wievielmal vergrößern Fernrohre?
Zeichne an die Tafel 10 bis 15 parallele Striche mit einer Länge von 50 cm und einem Abstand von 5 cm.
Blicke mit einem Auge durch ein Fernrohr und mit dem anderen Auge auf die Striche.

Beobachtungen

Für die Beobachtungen am nächtlichen Himmel eignen sich Amateur-Fernrohre und Ferngläser (8 x 30 oder 10 x 50). Die Sonnenbeobachtungen dürfen nur mit Fernrohren und den dazugehörigen Sonnenfiltern (vor dem Objektiv) durchgeführt werden.

Beobachtung der Sonnenflecken

Beobachtung 1: Betrachte Größe, Form und Farbe von Sonnenflecken, indem du das Bild der Sonne auf einen Schirm projizierst. Zeichne die ungefähre Lage und Größe der markanten Flecken ein. Notiere zusätzlich die Anzahl der darin unterscheidbaren einzelnen Sonnenflecken.
Wie groß muss der Durchmesser eines Sonnenflecks mindestens sein, damit du ihn mit dem Fernrohr betrachten kannst?
Beobachtung 2: Wiederhole die Beobachtung 1 nach etwa 7 Tagen. Vergleiche die zwei Zeichnungen der Sonnenflecken vom 1. und vom 8. Tag. Was kannst du alles feststellen?

Mondbeobachtungen

Beobachtung 3: Betrachte auf dem Mond Maria, Strahlensysteme, Ringgebirge und Krater.
(Nutze für diese Beobachtungen auch dein selbst gebautes Fernrohr.)
Beobachtung 4: Vergleiche bei Halbmond die Schattenlängen einzelner Gebirge. Wie lang muss ein Schatten mindestens sein, damit du diesen mit deinem Fernrohr sehen kannst? Was bedeuten die hellen Punkte auf der Schattenseite des Mondes?
Beobachtung 5: Suche anhand einer Mondkarte folgende Gebilde auf der Mondoberfläche auf:
a) Mare Crisium (Meer der Gefahren) (Ø ≈ 570 km),
b) Krater Aristoteles (Wallhöhe 7 500 m, Ø ≈ 87 km),
c) Ringgebirge Copernicus (Wallhöhe 3 760 m, Ø ≈ 93 km),

d) Ringgebirge Tycho (Wallhöhe 4850 m, Ø ≈ 85 km), Ausgangspunkt des bedeutendsten Strahlensystems auf dem Mond,
e) Zentralberg des Ringgebirges Aristarch, (Wallhöhe 1700 m, Ø ≈ 40 km), hellster Punkt auf dem Mond,
f) Berg Mösting O. (Befindet sich genau in der Mitte des Mondes. Dient als Nullpunkt des Koordinatensystems auf dem Mond.)

Planetenbeobachtungen

Beobachtung 6: Betrachte zu verschiedenen Zeiten die Planeten Venus, Mars, Jupiter und Saturn.
Vergleiche deren Farbe und Helligkeit.
Vergleiche deren Bahnen am Himmel
a) untereinander und
b) mit der Bahn der Sonne.
Beobachtung 7: Suche die sichtbaren Monde des Jupiters.
Skizziere deren Stellungen zum Jupiter.
Wiederhole die Beobachtung am folgenden Tag.

Beobachtung der Milchstraße

Beobachtung 8: Richte dein selbst gebautes Fernrohr auf verschiedene Punkte der Milchstraße und anschließend auf verschiedene andere Himmelspunkte.
Schätze jeweils die Anzahl der Sterne, die du siehst.

Sternbeobachtungen

Frühling:
1. Doppelstern γ Leonis-Algieba: grünlich bzw. gelb, Entfernung: etwa 200 Lichtjahre (im Sternbild Löwe)
2. Offener Sternhaufen Praesepe (Krippe): etwa 300 Sterne (im Sternbild Krebs)
3. Kugelsternhaufen M3: etwa 100 000 Sterne, Entfernung etwa 60 000 Lichtjahre (im Sternbild Jagdhunde)

Sommer:
4. Ringnebel M57: Planetarischer Nebel (im Sternbild Leier)

Bild 1: Nördlicher Sternenhimmel

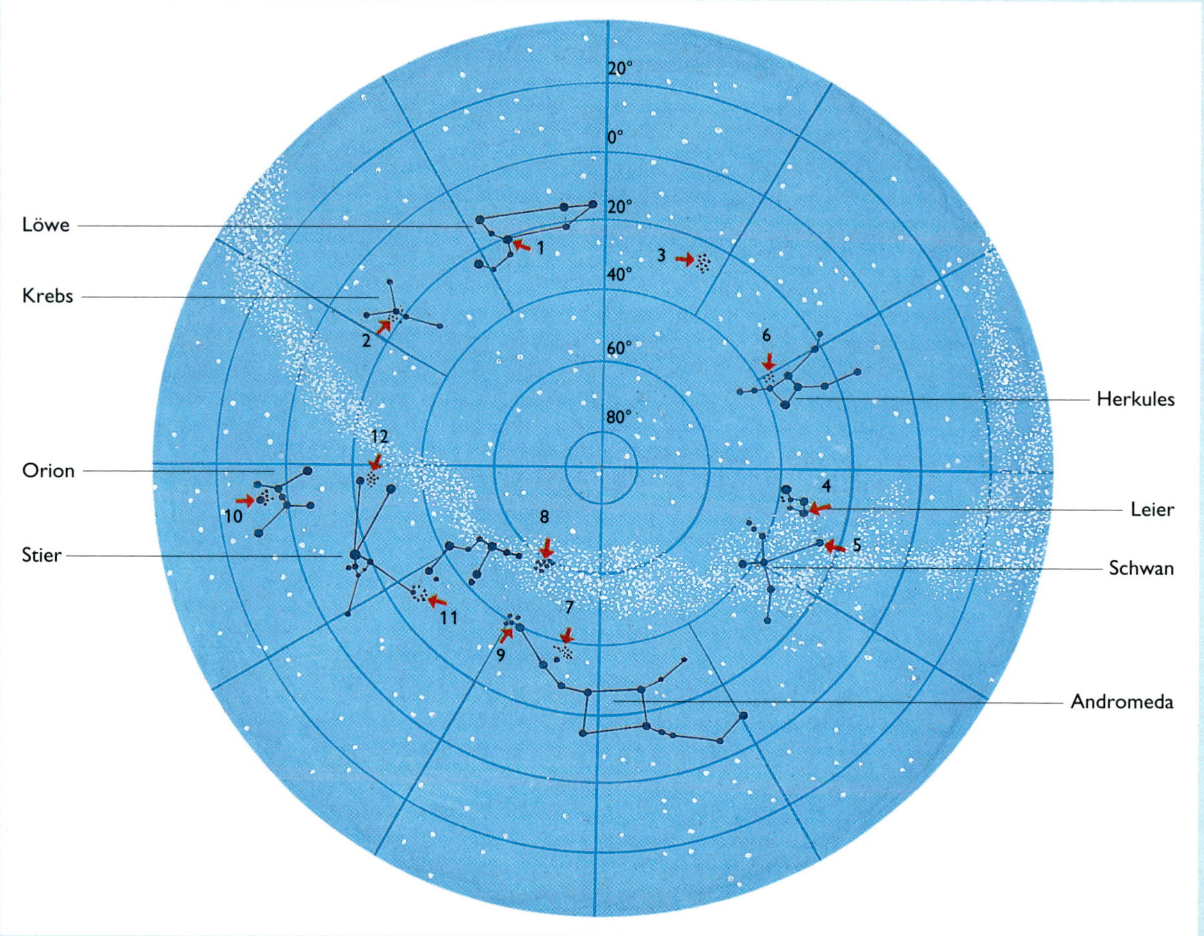

5. Doppelstern β Cyg (Albireo): orange-rötlich bzw. gelb (im Sternbild Schwan)
6. Kugelsternhaufen M13: etwa 100 000 Sterne, Entfernung etwa 34 000 Lichtjahre (im Sternbild Herkules)

Herbst:

7. Andromedanebel M31: große Spiralgalaxie, zusammen mit der Milchstraße die beiden größten Systeme unseres Galaxienhaufens, Entfernung etwa 2 Millionen Lichtjahre (im Sternbild Andromeda)
8. Sternhaufen h und χ Persei: zwei benachbarte offene Sternhaufen (im Sternbild Perseus)
9. γ And: Mehrfachsystem mit 4 Sternen (im Sternbild Andromeda)

Winter :

10. Orionnebel M42: ausgedehnter Gasnebel, von Trapezsternen δ Ori zum Leuchten angeregt (im Sternbild Orion)
11. Plejaden M45 (Siebengestirn): Sternhaufen sehr junger und heißer (daher blauer) Sterne. Entfernung etwa 500 Lichtjahre (im Sternbild Stier)
12. Krebsnebel M1: „Reste" einer im Jahre 1054 beobachteten Sternexplosion (Supernova), Entfernung etwa 6 500 Lichtjahre (im Sternbild Stier)

Bild 1: Kosmischer Nebel

Aufgaben

1. Warum darf man ohne besondere Schutzmaßnahmen niemals ein optisches Gerät auf die Sonne richten, selbst dann nicht, wenn man nicht hindurchsieht?
2. Bestimme mit einem Lineal näherungsweise die Austrittspupille verschiedener optischer Geräte.
3. In welcher Entfernung von der Okularlinse ist die Austrittspupille eines selbst gebauten Fernrohres am kleinsten?
4. Welche Vergrößerungen sind mit dem Schulfernrohr möglich?
5. Wie groß ist die Vergrößerung des selbst gebauten Fernrohrs?
6. Wie groß sind die Vergrößerungen der Fernrohre in den Bildern 1b und 2, S. 59?
7. Warum bauen Astronomen Fernrohre mit immer größerem Durchmesser?
8. Fertige dir eine Tafel zur Bestimmung des Auflösungsvermögens von Fernrohren und Ferngläsern an:
   a) Berechne den Abstand α zweier Punkte in 20 m Entfernung, damit man sie unter einem Winkel von 2", 4", ..., 20" sieht. Für die Berechnung kannst du folgende Gleichung verwenden:
   $d = n \cdot 20\,000 \text{ mm} \cdot 4{,}85\ 10^{-6}$.
   Dabei gibt n die Zahl der Bogensekunden an.
   b) Markiere einige Abstände auf einer weißen Tafel als Abstände zwischen zwei Strichen oder zwei Punkten oder als schwarze Vollkreise mit entsprechendem Durchmesser. Betrachte sie durch ein Fernrohr.
9. Wie kann man Gleichung 1, S. 59, aus der Gleichung 2, S. 60, herleiten?
10. Wozu ist am Fernglas ein Dioptrienausgleich erforderlich?
11. Wozu ist beim Fernglas ein Mitteltrieb erforderlich?
12. Warum sind beim Fernglas zwei Umkehrprismen notwendig?
13. Warum haben Nachtgläser einen größeren Objektivdurchmesser als Taggläser?
14. Warum vergrößert sich beim Benutzen des Prismenglases der Eindruck des räumlichen Sehens?
15. Decke beim Beobachten mit einem Fernglas eine Hälfte des Objektivs zu.
    Welche der folgenden Eigenschaften des Fernglases ändert sich – die Vergrößerung, das Auflösungsvermögen oder die Lichtstärke?
16. Aus welchen Strecken setzt sich bei einem Prismenfernglas der Abstand zwischen Objektiv und Okular zusammen?
17. Informiere dich anhand von Werbematerialien verschiedener Fernglashersteller über die technischen Daten der Gläser. Nach welchen Gesichtspunkten würdest du ein Fernglas auswählen?
18. Informiere dich in Physik-Lehrbüchern, wie im Galilei´schen Fernrohr das Bild entsteht.
19. Baue dir in Anlehnung an entsprechende Darstellungen in Büchern ein eigenes Messfernrohr zum Messen von Winkeln in der Horizontalen und in der Vertikalen.
    Nutze es zum Bestimmen von Entfernungen und Höhen.
20. Gestalte ein Poster zum Hubble-Space-Telescope.

9.1 Kleine Himmelsfernrohre

Aufbau und Lichtdurchgang. Kleine Himmelsfernrohre sind Linsenfernrohre oder Spiegelfernrohre. Es gibt eine Vielzahl von möglichen Bauformen.

Aufbau	
Linsenfernrohr (Kepler-Fernrohr) **Objektiv** (achromatisches Linsensystem) **Tubus** **Okular** (dreilinsig)	**Spiegelfernrohr** (nach *Cassegrain*) **parabolförmiger Hauptspiegel** **Tubus** **Gegenspiegel** (konvex hyperbolisch gekrümmt) **Okular** (dreilinsig)
Lichtdurchgang	
Himmelskörper sind so weit entfernt, dass die von ihnen zur Erde gelangenden Lichtstrahlen parallel sind. Das Objektiv bündelt sie durch den Brennpunkt F_{ob} des Objektivs. Der Durchmesser des Objektivs ist möglichst groß. Am anderen Ende des Fernrohrs befindet sich das Okular. Dies baut man so ein, dass sein linker Brennpunkt F_{ok} mit dem rechten Brennpunkt F_{ob} des Objektivs zusammenfällt. Deshalb verlassen die vom gemeinsamen Brennpunkt kommenden Strahlen das Okular als Parallelstrahlen. **Länge** *l* eines Linsenfernrohres: $l = f_{ob} + f_{ok}$	Der als Objektiv dienende Hauptspiegel bündelt alle Lichtstrahlen in Richtung seines Brennpunkts $F_{Hauptspiegel}$. Bevor sich das Licht in diesem Brennpunkt vereinigen kann, trifft es auf den Gegenspie-gel. Dieser reflektiert das Licht erneut, so kann es sich erst kurz vor der Durchbohrung im Hauptspiegel vereinigen. Das Okular baut man so ein, dass sein linker Brennpunkt F_{ok} mit diesem Vereinigungspunkt des reflektierten Lichtes zusammenfällt. Die Lichtstrahlen verlassen das Okular als Parallelstrahlen. **Länge** *l* eines Spiegelfernrohres: $l = f_{Hauptspiegel}$

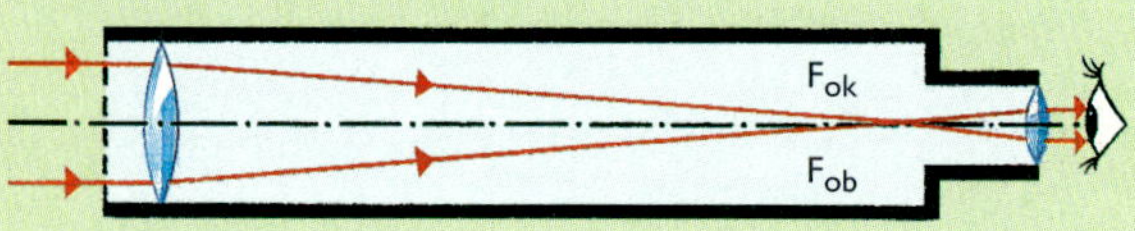

Bild 1

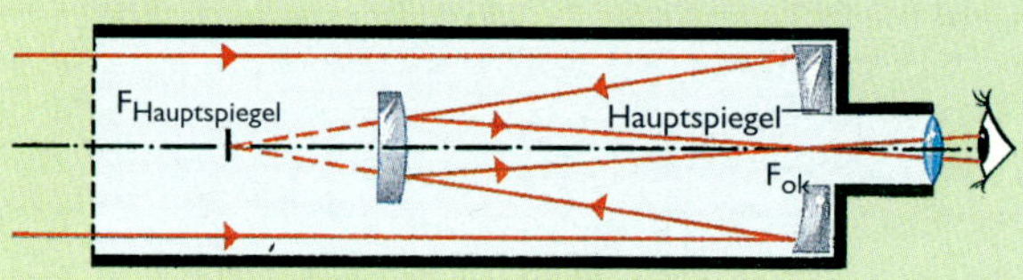

Bild 2

Austrittspupille. Das Strahlenbündel, welches durch das Okular austritt, nutzt nur einen kleinen Teil des Okulars. Diesen Ausschnitt des Okulars nennt man die Austrittspupille des Okulars. Eine solche Austrittspupille hat jedes optische Gerät. Man kann ihren Durchmesser ermitteln, wenn man das optische Gerät (zum Beispiel ein Fernglas) gegen den hellen Himmel hält. (Aber niemals gegen die Sonne, da so der Kitt zwischen den Linsensystemen schmelzen könnte!)
Stimmen der Durchmesser von der Austrittspupille des Okulars und der Durchmesser der Augenpupille überein, gelangt das gesamte in das Fernrohr einfallende Licht auch in das Auge. Ist die Austrittspupille des Okulars jedoch größer, verliert das Fernrohr an Wirkung.
Daraus folgt: Aufgabe des Objektivs ist es, möglichst viel Licht in das Fernrohr eintreten zu lassen (großer Durchmesser). Aufgabe des Okulars ist es, den Strahlengang des Lichtes an die Pupille des Auges anzupassen.

Vergrößerung der Lichtmenge. Fernrohre können Sterne nicht vergrößern. Das Bild eines Sterns ist stets wieder ein Punkt. Mit dem Fernrohr sieht man Sterne aber heller, da mit dem Fernrohr mehr Licht in das Auge (Bild 1, S. 59) gelangt.
Sterne sind für das Auge unsichtbar, wenn von diesen so wenig Licht in die Augen fällt, dass es auf der Netzhaut keine Sinneswahrnehmungen hervorruft. Mit einem

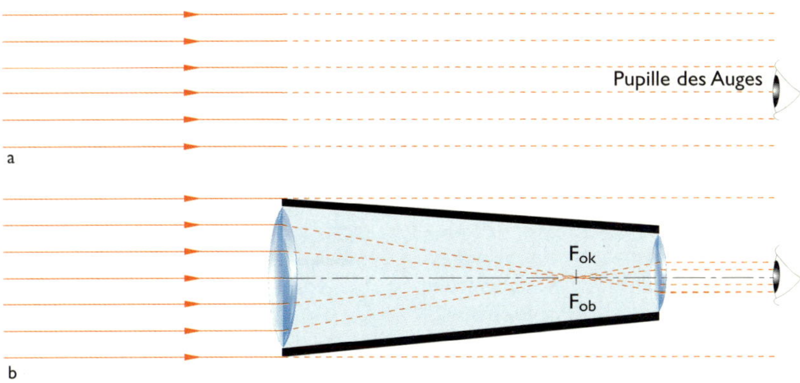

Bild 1:
a Lichteintritt in das Auge ohne Fernrohr
b Lichteintritt in das Auge mit Fernrohr

Fernrohr kann diese Lichtmenge jedoch so vergrößert werden, dass eine Wahrnehmung entsteht. Dann sehen wir die zuvor mit bloßem Auge unsichtbaren Sterne. Die Vergrößerung der Lichtmenge eines Himmelsfernrohrs gibt man daher so an:

$$\text{Vergrößerung der Lichtmenge} = \frac{\text{Lichtmenge mit Fernrohr}}{\text{Lichtmenge ohne Fernrohr}}$$

Dieses Verhältnis ist vom Verhältnis der Brennweiten des Objektivs und des Okulars abhängig. Für die Vergrößerung V eines Fernrohres gilt:

$$V_{\text{Fernrohr}} = \frac{f_{\text{ob}}}{f_{\text{ok}}} \quad (1)$$

Auflösungsvermögen. Weil Fernrohre Sterne nicht vergrößern können, ist für Astronomen die wichtigste Eigenschaft eines Fernrohrs dessen Auflösungsvermögen. Als Auflösungsvermögen (auch Trennschärfe genannt) gibt man den kleinstmöglichen Winkel an, bis zu dem zwei Punkte oder Striche mit dem Fernrohr gerade noch getrennt gesehen werden können. Dieses Auflösungsvermögen gibt man als Winkel an, zum Beispiel 2". Das Auflösungsvermögen eines Fernrohrs ist umso besser, je größer der Durchmesser des Objektivs ist. Es gibt also zwei Gründe dafür, dass Himmelsfernrohre Objektive mit möglichst großem Durchmesser haben: Steigerung des Auflösungsvermögens (um zwei benachbarte Sterne zu trennen) und Erhöhung der Lichtstärke (um lichtschwache Objekte zu erfassen).

Vergrößerung des Sehwinkels. Im Gegensatz zu den Sternen sind die Planeten, die Sonne und der Mond so „nahe", dass das Licht nicht vollkommen parallel zur Erde gelangt. Daher vereinigt es sich nicht ganz genau zu einem Punkt, sondern es entsteht ein kleines Bild (Bild 2).

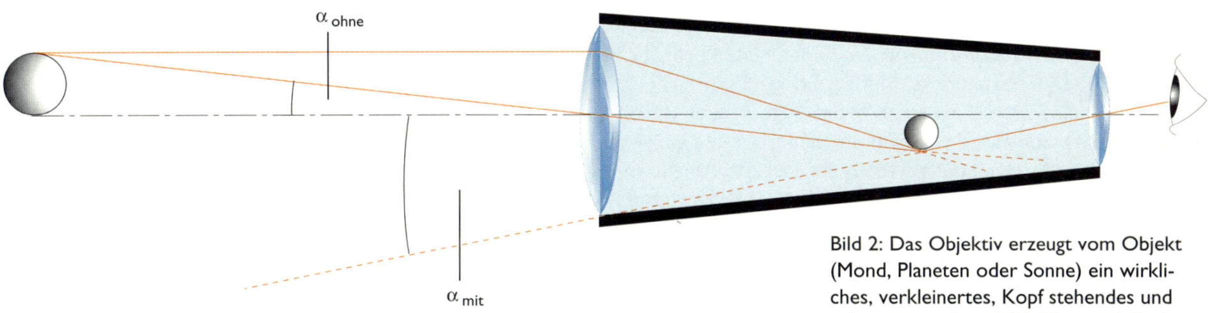

Bild 2: Das Objektiv erzeugt vom Objekt (Mond, Planeten oder Sonne) ein wirkliches, verkleinertes, Kopf stehendes und seitenvertauschtes Bild. Dieses wird mit dem Okular betrachtet, das als Lupe dient. Dazu muss sich das Auge etwa in der Brennebene des Okulars befinden.

Durch das Fernrohr wird der Sehwinkel zum Mond vergrößert. Ohne Fernrohr beträgt der Sehwinkel α_{ohne} des Mondes etwa 0,5°. Mit Fernrohr beträgt der Sehwinkel α_{mit} ein Vielfaches davon. Die Vergrößerung des Himmelsfernrohrs gibt man in diesem Fall mithilfe der Sehwinkel an:

$$V_{\text{Fernrohr}} = \frac{\alpha_{\text{mit}}}{\alpha_{\text{ohne}}} \quad (2)$$

Huygens-Okular. Das Sehfeld eines Fernrohrs kann (ebenso wie das Sehfeld eines Mikroskops) vergrößert, aufgehellt und auch von Farbfehlern befreit werden, wenn man vor die Augenlinse des Okulars noch eine weitere Sammellinse und eine Blende bringt (Bild 1). Da sie das Sehfeld beeinflussen, nennt man sie Feldlinse bzw. Feldblende. Die Kombination aus beiden Linsen heißt nach ihrem Erfinder Huygens-Okular.

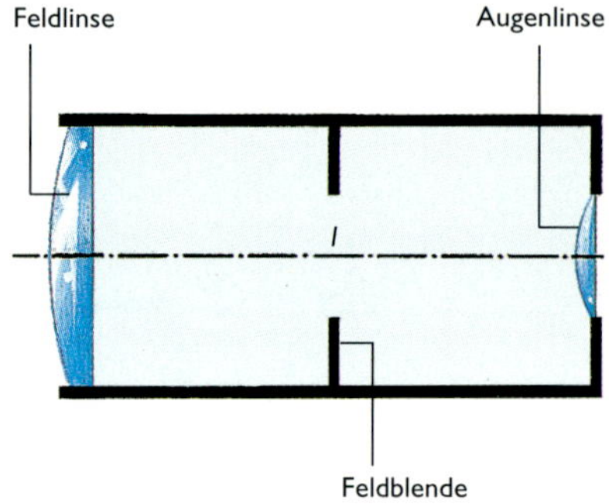

Bild 1: Für den Abstand l der zwei Linsen im Huygens-Okular gilt:

$l = \frac{1}{2} f_{\text{Feldlinse}}$

9.2 Keplers Erklärung des Fernrohrs

Viele Naturforscher nutzten ab 1609 das Fernrohr für Beobachtungen am Himmel, aber nur *J. Kepler* konnte bereits 1611 das Fernrohr erklären und theoretisch begründete Vorschläge zu dessen Verbesserung machen. Er hatte den Durchgang von parallelen, divergenten und konvergenten Lichtbündeln durch Sammellinsen untersucht (vgl. Bilder 2 a-c). Da *Kepler* darüber hinaus einer der ersten Astronomen war, der sich für den Bau des Auges interessierte, wusste er auch, dass die Augenlinse eine Sammellinse ist. Dieses Wissen war die Grundlage der Erklärung des Fernrohrs.

Von einem weit entfernten Gegenstand fällt ein paralleles Lichtbündel in das Auge. Die Augenlinse sammelt das Licht so, dass auf der Netzhaut ein Bild entsteht. Kommt der Gegenstand näher, wird aus dem parallelen Lichtbündel ein divergentes. Damit die Augenlinse das divergente Lichtbündel auf der Netzhaut zu einem Bild verarbeiten kann, muss sich die Linse stärker krümmen. Kommt der Gegenstand noch näher, divergiert das Lichtbündel schließlich so stark, dass es die Augenlinse auch trotz größter Krümmung nicht mehr auf der Netzhaut vereinen kann. Ein konvergentes Lichtbündel kommt in der Natur nicht vor. Die Augenlinse könnte es auch nicht auf der Netzhaut vereinen.

Blickt ein normalsichtiger Mensch durch eine schwache Sammellinse (im Experiment zum Beispiel f = +250 mm) sieht er ein aufrechtes Bild, wenn sich das Auge innerhalb der Brennweite der Sammellinse befindet. Unscharf ist es, weil in das Auge ein konvergentes Lichtbündel fällt. Dem kann abgeholfen werden, wenn man vor das Auge noch eine Zerstreuungslinse (zum Beispiel f = −100 mm) bringt. Sie zerstreut das konvergente Lichtbündel in ein paralleles oder schwach divergentes Bündel, das von der Augenlinse auf der Netzhaut vereint werden kann. Man sieht ein vergrößertes und aufrechtes Bild. Dieses Fernrohr bezeichnet man heute als Galilei´sches Fernrohr (s. Bild 1a, Seite 61).

Entfernt man die Sammellinse so weit vom Auge, dass es sich hinter dem Brennpunkt der Sammellinse befindet, wird ein umgekehrtes Bild gesehen. Diesmal ist es unscharf, weil das Lichtbündel zu divergent ist. Zur Abhilfe muss man dicht hinter dem Brennpunkt noch eine weitere Sammellinse halten (zum Beispiel f = +50 mm). Sie verändert das stark divergente Bündel in ein schwach divergentes oder gar paralleles Lichtbündel. Beide können von der Augenlinse auf der Netzhaut vereint werden.

Aufgabe des Okulars ist es also, das vom Objektiv kommende Lichtbündel dem Auge anzupassen.

Man sieht ein vergrößertes, aber umgekehrtes Bild. Dieses Fernrohr nennt man heute Kepler-Fernrohr (s. Bild 1b, Seite 61).

Bild 2: Durchgang verschiedener Lichtbündel durch eine Sammellinse:

a) paralleles Lichtbündel

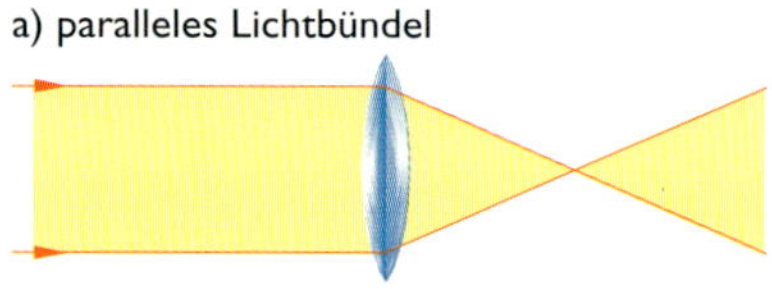

b) divergentes Lichtbündel

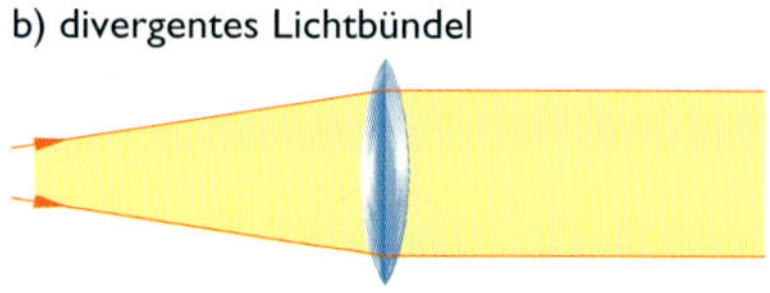

c) konvergentes Lichtbündel

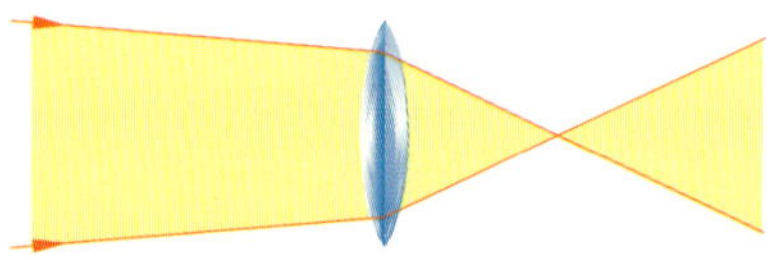

Bild 3: Das Auge kann weder ein zu stark divergentes Lichtbündel (a), noch ein konvergentes Lichtbündel (b) zu einem Punkt auf der Netzhaut vereinigen.

a)

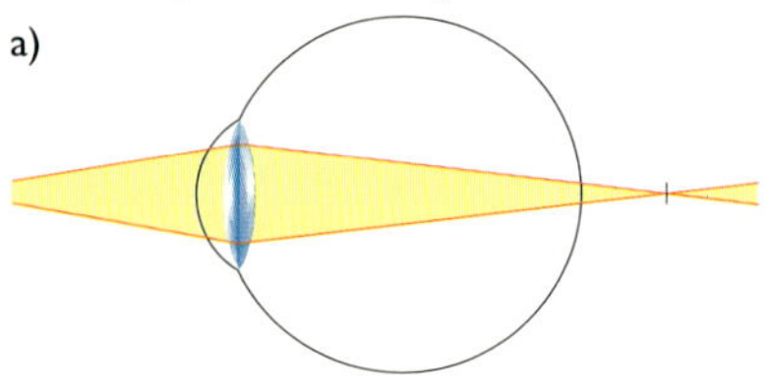

b

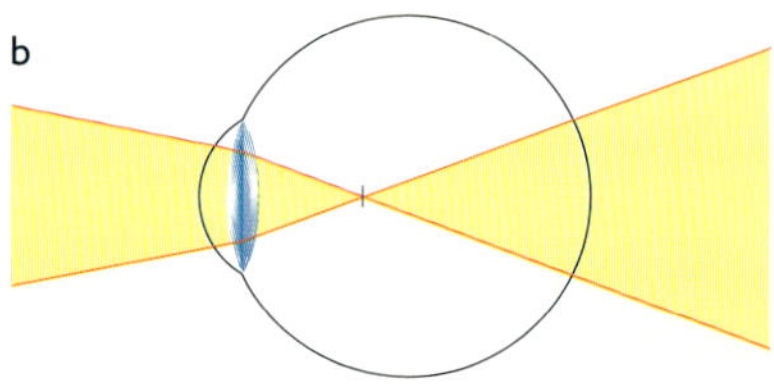

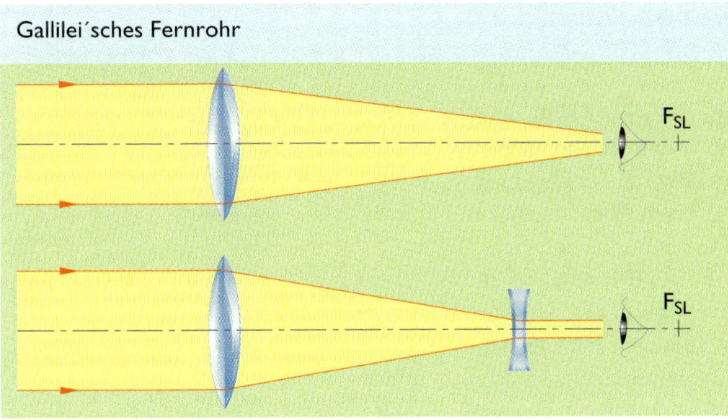

Bild 1a

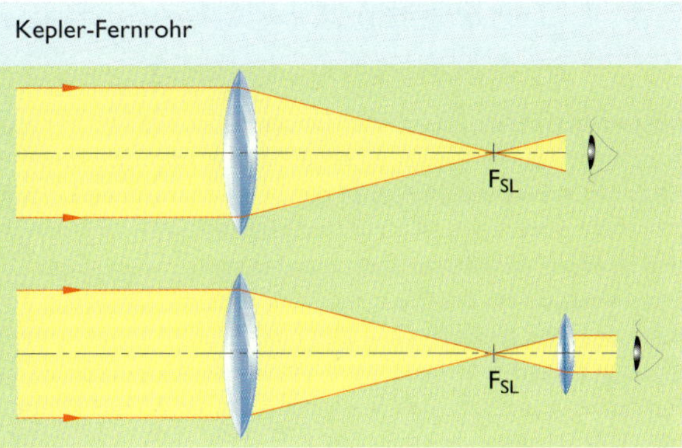

Bild 1b

9.3 Erdfernrohre

Als Erdfernrohre benutzt man überwiegend Kepler-Fernrohre. Sie werden als Auszugsfernrohre, Messfernrohre und Ferngläser angeboten. Im gewöhnlichen Kepler-Fernrohr, das nur aus Objektiv und Okular besteht, entsteht ein umgekehrtes Bild (vgl. Bild 2). Bei Beobachtungen am Himmel stört das nicht. Für Erdbeobachtungen muss das Bild noch umgekehrt werden.

Bild 2: Umkehrung des 1. Zwischenbildes durch eine Umkehrlinse in ein aufrechtes und seitengerechtes 2. Zwischenbild. Dieses wird mit dem Okular betrachtet.

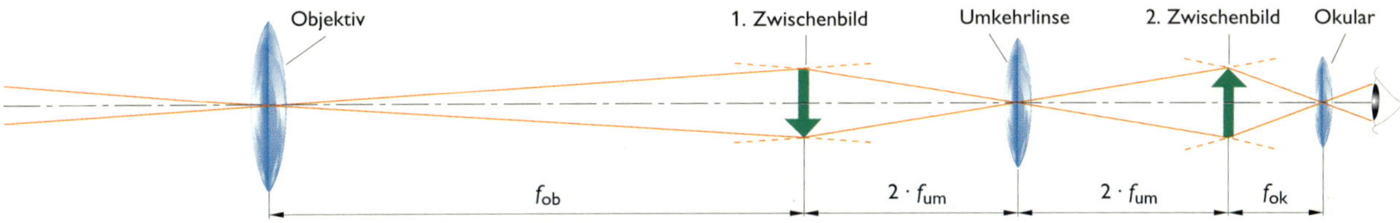

Auszugsfernrohr. Die Bildumkehr erfolgt durch eine Umkehrlinse. Das kann eine einzelne Linse oder eine Doppellinse mit zwei räumlich getrennten Einzellinsen sein. Da ein solches Fernrohr meist sehr lang würde, baut man es als Auszugsfernrohr. Die Länge der Auszüge wird durch das Okular (den Abstand zwischen Augenlinse und Feldlinse) oder durch den Abstand der zwei Umkehrlinsen bestimmt.

Messfernrohr. Für Messaufgaben im Straßenbau und in der Geländevermessung finden Fernrohre mit zwei- bis achtfacher Vergrößerung Verwendung. Diese Fernrohre montiert man auf einer horizontalen oder vertikalen Scheibe mit Winkeleinteilung. Mit einem Messfernrohr und einem Barometer hat *A. v. Humboldt* 1805 bis 1806 das Profil des südamerikanischen Kontinents aufgenommen.

Ferngläser. In Ferngläsern erfolgt die Umkehrung des Bildes durch zwei Umkehrprismen. Prismenferngläser besitzen für jedes Auge ein eigenes Fernrohr und ermöglichen dadurch das räumliche Sehen (Bild 3).
Angaben auf dem Prismenfernglas wie 8 x 30 bedeuten: Die Vergrößerung ist achtfach und der Durchmesser des Objektivs ist 30 mm. Häufig ist im Prospekt auch noch die Größe des Sehfeldes in 1 000 m Entfernung angegeben. Der Durchmesser des Sehfeldes in 1 000 m Entfernung liegt bei den verschiedenen Prismenferngläsern zwischen 80 m und 160 m.

Theater-Glas. Dieses Fernrohr ist ein Galilei´sches Fernrohr. Es wird heute nur noch als Theater-Glas oder als Suchersystem in einer Kleinbild-Sucherkamera benutzt. Das Sehfeld ist zu klein und das Bild ist zu lichtschwach.

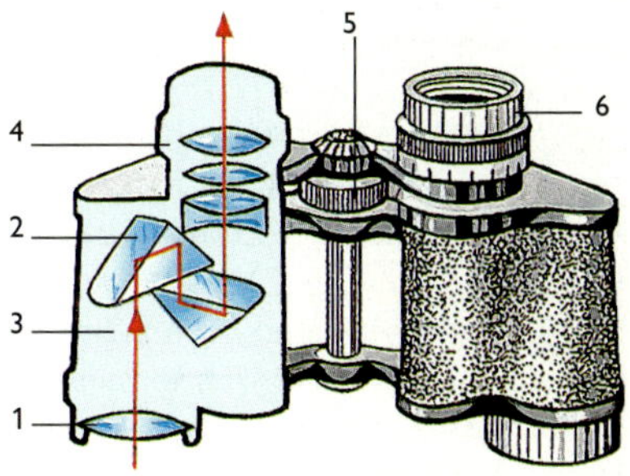

Bild 3: Prismenfernglas
1 Objektiv (achromatisches Linsensystem, wie Sammellinse wirkend)
2 Umkehrprisma
3 Umkehrprisma
4 Okular (Linsensystem, wie Sammellinse wirkend)
5 Mitteltrieb
6 Dioptrienausgleich

9.4 Der Wettlauf zwischen Linsenfernrohren und Spiegelfernrohren

Erste Fernrohre. Die ersten Linsenfernrohre sind mit großer Wahrscheinlichkeit kurz nach 1600 in Holland hergestellt worden. Zu dieser Zeit hatten die Niederländer ihre Freiheit im Kampf gegen die spanischen Unterdrücker zurückerobert. Holland entwickelte sich zur mächtigsten See- und Handelsmacht Europas. Nach den ältesten verbürgten Dokumenten wäre *H. Lipperhey* als Erfinder des Fernrohrs anzusehen. Es ist durchaus möglich, dass die Erfindung schon vorher erfolgte, jedoch aus militärischen Gründen nicht früher an die Öffentlichkeit drang. So wurde auch *Lipperhey* aufgefordert, seine Erfindung nicht weiterzugeben. Mit den ersten Fernrohren sah man 5 km bis 6 km entfernte Dinge so deutlich, als ob man „sie 100 Schritte vor sich sähe".

Die Kunde über Fernrohre gelangte zu *G. Galilei* durch venezianische Seefahrer. Er baute sich daraufhin selbst eines und richtete es als erster bewusst auf den Himmel. Sein Fernrohr ist auf dem Innentitel dieses Buches abgebildet. *Galilei* entdeckte die Mondgebirge, die 4 großen Jupitermonde, die Venusphasen und eine Vielzahl dem bloßen Auge verborgener Sterne. Wegen der Bedeutung dieser Entdeckungen nennt man das holländische Fernrohr auch Galilei´sches Fernrohr.

Der Astronom *J. Kepler* interessierte sich ebenfalls für das Fernrohr. Er entdeckte die physikalischen Gesetze für die Bildentstehung und den Lichtdurchgang durch ein Fernrohr. Mit diesen Erkenntnissen konnten wesentlich bessere Fernrohre gebaut werden, sie heißen Kepler´sche Fernrohre.

Ein solches Fernrohr baute sich *C. Scheiner* 1613. Mit diesem beobachtete er viele Jahre lang Sonnenflecken (Bild 1).

Bild 1: *Scheiner* ließ das Bild der Sonne auf einer Projektionsfläche entstehen. Anhand der Sonnenflecken erkannte er die Rotationszeit der Sonne und die Lage des Sonnenäquators. Er beobachtete erstmals Sonnenfackeln.

Riesen-Luftfernrohre. Um immer weiter in den Weltraum sehen zu können, brauchte man für Fernrohre lichtstarke Objektive. Sie mussten einen großen Durchmesser haben. Dadurch entstanden aber zugleich große Linsenfehler. Insbesondere störten die sphärische und die chromatische Aberration. Der Ausweg konnte damals nur darin bestehen, Linsen mit sehr großen Brennweiten zu benutzen, wodurch die Fernrohre immer länger wurden.

Der deutsche Astronom *J. Hevelius* (1611 bis 1687), der Niederländer *C. Huygens* (1629 bis 1695) und der Engländer *R. Hooke* (1635 bis 1703) konstruierten deshalb Riesenfernrohre.

Hevelius befestigte sein Fernrohr an einem Mast (Bild 1, S. 63). Die Aufhängung erfolgte so, dass die Verbiegung des Tubus möglichst klein blieb. Mit einem Flaschenzug konnte er es in der Höhe verstellen. Das Okularende war auf einem besonderen

Gestell abgestützt. Der lange Tubus bestand aus Holz. Blenden verhinderten das seitliche Eindringen von störendem Licht. Mast, Seile, Rollen und Flaschenzüge entstammten aus dem in Danzig beheimateten Bau von Segelschiffen.

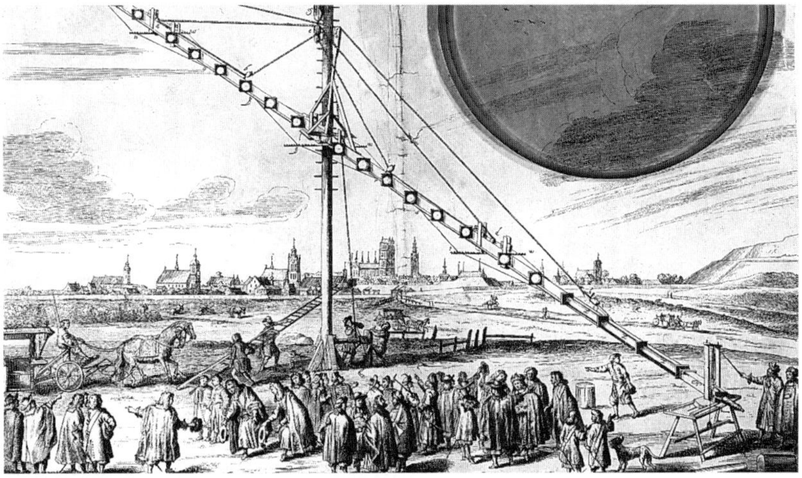

Bild 1: Das größte Fernrohr von *Hevelius* hatte eine Länge von 45 m. Es war vor den Toren von Danzig aufgestellt.

Hevelius konzentrierte sich vor allem auf Mondbeobachtungen. Er wollte erkunden, ob der Mond bewohnt ist. In der oberen rechten Hälfte vom Bild 1 ist ein Ausschnitt einer Beobachtung der Mondoberfläche gezeichnet. 1647 veröffentlichte *Hevelius* seine berühmt gewordene Karte vom Mond.
An der Sternwarte in Paris untersuchten *Huygens* und *Cassini* mit ähnlichen Riesenfernrohren vor allem die Planeten Mars, Jupiter und Saturn. *Huygens* entdeckte 1655 den Ring um den Saturn und konnte damit die wahre Gestalt des Planeten angeben. Zugleich entdeckte er den größten Mond des Saturn. *Cassini* spürte 1666 die Abplattung des Jupiters auf und konnte auf dessen Oberfläche große Flecken ausmachen. An diesen erkannte er die Rotation des Jupiters. Danach bestimmte er auch die Rotationszeiten von Saturn und Venus. Diese vor 350 Jahren ermittelten Zeiten weichen nur um 5 Minuten von den heute gültigen Werten ab. Später entdeckte *Cassini* noch die Teilung des Saturnrings und weitere Monde des Saturns.
Ein Ergebnis der Messungen mit solchen Riesenfernrohren war auch die Entdeckung der Lichtgeschwindigkeit durch *O. Römer* im Jahre 1676. Im Auftrage von *Huygens* sollte *Römer* untersuchen, ob für die Jupitermonde auch die Kepler´schen Gesetze für die Planetenbewegung gelten. Die dabei festgestellten „Unregelmäßigkeiten" in der Bewegung der Jupitermonde erklärte *Römer* damit, dass das Licht für seinen Weg vom Jupiter bis zur Erde eine bestimmte Zeit benötigt.

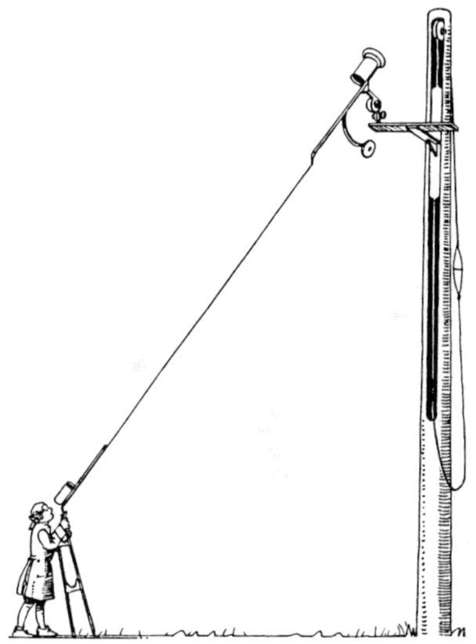

Bild 2: Luftfernrohr des Huygens
Das Objektiv befand sich in einem Rohr, das durch ein Kugelgelenk in jede Richtung gebracht werden konnte. Beides war an einem Mast auf einer Plattform befestigt. Die Plattform konnte durch eine Schnur in der Höhe verstellt werden. Zur Richtungsänderung des Objektivs zog der Beobachter an einer weiteren Schnur. Der Abstand zwischen dem Objektiv und dem Okular beim Beobachter konnte bis zu 40 m betragen.

Erste Spiegelfernrohre. Viele Forscher mühten sich um die weitere Verbesserung der Linsenfernrohre. Einige von ihnen sahen in der chromatischen Aberration der Linsen ein unüberwindliches Hindernis. Deshalb entschlossen sich Forscher, wie *M. Mersenne* (1634), *J. Gregory* (1663), *I. Newton* (1671) und *S. G. D. Cassegrain* (1672), Spiegelfernrohre zu bauen (siehe Bild 2, S. 58).
Hierbei gab es viele Schwierigkeiten. Man musste eine günstige Legierung für ein Spiegelmetall erfinden, das sich gut schmelzen, gießen und schleifen ließ. Zudem musste man es so glatt polieren können, dass es möglichst viel Licht reflektierte. Meist waren das damals weniger als 50 %. Es gehörte auch viel Geschick und Erfahrung dazu, die Spiegel parabolisch zu formen, denn nur dann waren sie frei von Farbfehlern und der sphärischen Aberration. Diese Präzision wurde zunächst nur für kleine Spiegel erreicht. So schliff *I. Newton* mit eigenen Händen im Jahre 1671 einen sehr guten Parabolspiegel für ein Fernrohr (d = 5 cm, f = 20,3 cm).

Zunächst wurden die Spiegelfernrohre noch keine ernst zu nehmende Konkurrenz für Linsenfernrohre. Denn erst etwa 100 Jahre später gelang es einzelnen Forschern wie *W. Herschel* (1738 bis 1822), wesentlich größere Spiegel zu schleifen (Bild 1). Niemand vor *Herschel* konnte so weit in den Weltraum sehen. Je nach den verwendeten Okularen erreichte er eine 1 331fache bis 7 676fache Vergrößerung. Er entdeckte den Planeten Uranus und er war der Erste, der die räumliche Verteilung der Sterne im Weltraum untersuchte. Er entdeckte die Eigenbewegung des Sonnensystems, in dem die Sonne ein Stern ist, der mit seinen Planeten einem Ziel im Sternbild Herkules entgegentreibt.
Obwohl es also um 1750 möglich wurde, sehr große Spiegel herzustellen, kam diese Erfindung im Wettlauf zwischen Linsenfernrohren und Spiegelfernrohren zunächst zu spät.

Bild 1: *Herschels* größtes Spiegelteleskop von 1787
Spiegeldurchmesser: 1,22 m
Brennweite: 12 m
Dicke: 9 cm, Masse: 1000 kg

Achromatische Linsenfernrohre. Die chromatische Aberration war das größte Problem in der Entwicklung der Linsenfernrohre. Der Engländer *Ch. M. Hall* hatte es um 1729 gelöst. Den Anstoß hierzu gab ein Irrtum. Wie andere Forscher auch, nahm *Hall* an, dass das Bild im Auge von Farbfehlern frei sei. *Hall* führte dies darauf zurück, dass im Auge zwei Linsen zusammenwirken.
Die Augenlinse ist eine Sammellinse und den Glaskörper hinter der Augenlinse betrachtete man als Zerstreuungslinse. Zur Vermeidung des Farbfehlers im Objektiv eines Fernrohrs ersetzte *Hall* daher die Sammellinse eines Objektivs durch eine Kombination aus einer Sammellinse und einer Zerstreuungslinse. So wie sich die Linse und der Glaskörper im menschlichen Auge in ihrer Zusammensetzung unterscheiden, schlug *Hall* vor, für seine zwei Linsen auch unterschiedliche Glassorten zu verwenden. *Hall* schliff die Linsen nicht selbst. Um sein Geheimnis zu wahren, gab er die zwei Einzellinsen jedoch bei verschiedenen Optikern in Auftrag. Aber auch diese schliffen die Linsen nicht selbst. Beide haben ihre Aufträge zufällig an denselben Glasschleifer weitergegeben. Dem fiel zwar auf, dass beide Linsen von demselben Kunden bestellt waren und in ihren Durchmessern zusammenpassten, aber er erkannte nicht deren Bedeutung. 1733 war das erste achromatische Objektiv fertig.
Später ließ *Hall* noch weitere Objektive anfertigen. Er war so vermögend, dass ihm wohl nichts an einer gewinnbringenden Ausnutzung seiner Erfindung lag. Er scheint auch nicht auf Ruhm und Anerkennung bedacht gewesen zu sein. So verging nochmals fast ein Vierteljahrhundert, bis um 1753 der Engländer *J. Dollond* die von Farbfehlern freien achromatischen Fernrohr-Objektive ein zweites Mal erfand und sie durch ein Patent schützen ließ. Mit seinen neuen achromatischen Fernrohren wurden fortan alle Schiffe ausgerüstet. Um sie gegen das Seewasser beständig zu machen, stellte man sie vollkommen in Messing her.

Bild 2: Mit diesem Linsenfernrohr von *Fraunhofer* entdeckte *Galle* 1846 in Berlin den Planeten Neptun.

Die nächsten Fortschritte im Bau von achromatischen Linsenfernrohren gelangen *J. v. Fraunhofer* (1787 bis 1826). Er war der führende Kopf der Glashütte in Benediktbeuren. Für die wirtschaftliche Selbstständigkeit des Betriebs ließ *Fraunhofer* zwar viele kleine Fernrohre für die Ausrüstung von Schiffen herstellen, sein großes Ziel war jedoch die Verbesserung der Linsenfernrohre. Besonders zwei Fernrohre bleiben für immer mit seinem Namen verbunden. Mit dem Fraunhofer-Refraktor der ehemaligen Königlichen Berliner Sternwarte (Bild 2) wurde Neptun als achter Planet des Sonnensystems entdeckt. Mit dem Königsberger Fernrohr konnte *F. W. Bessel* (1784 bis 1846) im Jahre 1837 einen seit mehr als drei Jahrhunderten gesuchten Beweis für die Bewegung der Erde um die Sonne erbringen. Wenn sich die Erde auf einer Kreisbahn um die Sonne bewegt, dann müssten die Blickrichtungen, unter denen man einen Stern von entgegengesetzten Punkten der Erdbahn aus sieht, einen Winkel einschließen (Bild 3). Dieser Winkel wird umso kleiner, je weiter der Stern von der Erdeentfernt ist. Man kann ihn aus der Verschiebung des Sterns gegenüber weiterentfernten Sternen an der scheinbaren Himmelskugel ermitteln. Er ist kleiner als eine Winkelsekunde.

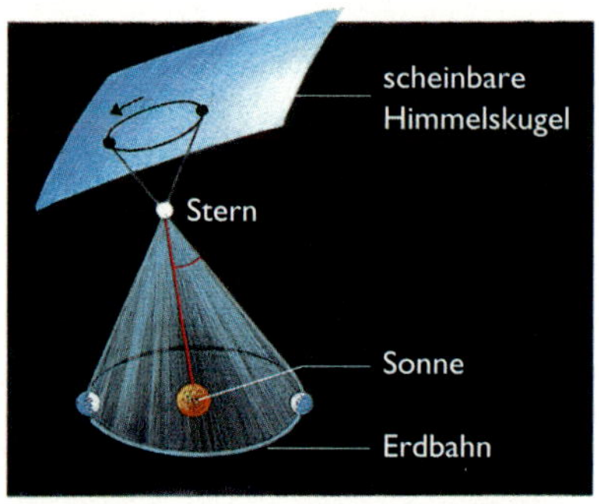

Bild 3: Die Blickrichtungen von zwei gegenüberliegenden Punkten der Erdbahn zum Stern schließen einen Winkel ein. Er kann aus der scheinbaren Verschiebung des Sterns an der Himmelskugel – Widerspiegelung der Umlaufbewegung der Erde um die Sonne – ermittelt werden.

Die Epoche der großen Linsenfernrohre. Im Jahre 1871 gelang es einer Firma in England, ein achromatisches Linsenobjektiv mit einem Durchmesser von 63,5 cm und einer Brennweite von 9,08 m anzufertigen. So wurden die Linsenfernrohre immer gewaltiger (Bild 1).
Bald stellte man achromatische Linsen mit noch größerem Durchmesser her. Im Jahre 1897 glückte das größte Objektiv aller Zeiten. Es hatte einen Durchmesser von 102 cm und eine Brennweite von 19,79 m und war für das Yerkes-Observatorium in den USA produziert worden. Eine weitere Steigerung des Durchmessers erwies sich als sinnlos, die Linsen bogen sich aufgrund ihrer Eigenmasse merklich durch. Als Ausweg plante man die Linsen durch Erhöhung des Luftdrucks im Tubus zu stützen. Dies hätte aber erhebliche Nachteile: Der Tubus müsste luftdicht sein und der innere Luftdruck müsste mit der Neigung des Fernrohrs geändert werden, denn die Durchbiegung der Linse hängt von der Neigung des Fernrohrs gegen die Horizontale ab.

Bild 1: In den Jahren 1899 und 1905 wurde in Potsdam dieses Fernrohr als eines der letzten großen Linsenfernrohre aufgestellt. Es hatte einen Objektivdurchmesser von 80 cm und eine Brennweite von 12 m.

Der Siegeszug der Riesen-Spiegelteleskope mit Glasspiegeln. Im Jahre 1835 hatte *J. v. Liebig* (1803 bis 1873) ein neues Verfahren zur Verspiegelung von Glas erfunden (vgl. Abschnitt Spiegel). Sofort erkannte man dessen Bedeutung für die Erhöhung der Leistungsfähigkeit von Spiegelfernrohren. Glasspiegel können so glatt poliert werden, dass sie 95 % des einfallenden Lichtes reflektieren (bei neuen Werkstoffen sind es sogar 99 %). Bei Metallspiegeln erreicht man günstigstenfalls 66 %. Glasspiegel können aufgrund der geringeren Dichte wesentlich größere Durchmesser haben als Metallspiegel, ohne dass unlösbare Probleme für die Halterungen der Spiegel entstehen.
Meilensteine in der Entwicklung der Riesen-Spiegelteleskope waren der Bau eines Fernrohrs mit einem Spiegeldurchmesser von 2,5 m für das Mount-Wilson-Observatorium in den USA (1918) und der Bau des Fernrohrs für das Mount-Palomar-Observatorium in den USA (Bild 1, S. 54) mit einem Spiegeldurchmesser von 5 m (1949).

Weltraumteleskope. Um die Störungen der Atmosphäre zu überwinden, plante man schon lange, ein Fernrohr außerhalb der Erdatmosphäre zu postieren. Nach einigen kleineren Fernrohren wurde im April 1990 das Hubble-Space-Telescope mit der Raumfähre Discovery auf eine Umlaufbahn von 600 km Höhe gebracht. Es ist ein Spiegelteleskop mit einem Spiegel von 2,4 m. Die ersten Aufnahmen sendete es am 20.5.1990.
Das Teleskop wurde nach dem amerikanischen Astronomen *E. Hubble* (1889 bis 1953) benannt. Er hatte 1929 entdeckt, dass sich das Weltall immer weiter ausdehnt. Ein Fehler von nur einigen tausendstel Millimetern im Schliff des Spiegels minderte zunächst die Qualität der Bilder. 1994 erhielt das Hubble-Space-Telescope bei einer Reparatur im Weltraum zur Korrektur des Spiegelfehlers eine Art Kontaktlinse.

Bild 2: Hubble-Space-Telescope

Seit dem sorgt das Weltraumteleskop immer wieder für Schlagzeilen. So sind nun sogar Fotos eines rund 12 Milliarden Lichtjahre entfernten Sternenhaufens möglich. Das ist der tiefste Blick ins Weltall, der der Menschheit jemals gelungen ist. Solche Aufnahmen entstehen durch eine viele Stunden währende Belichtung infrarotempfindlichen Materials in einem Bereich des Weltraumes, der eigentlich dunkel ist.
Den Wissenschaftlern geben diese tiefen Blicke die Möglichkeit, in die „Vergangenheit des Weltalls zu blicken" und damit die Bildung von Sternen und Galaxien zu erforschen.
Für das Jahr 2007 ist der Start des „Next Generation Space Telescope" geplant. Dieses neue Teleskop soll Bilder in noch höherer Auflösung liefern und damit noch präzisere Informationen über äußerst weit entfernte Galaxien im Universum ermöglichen.

10 Gute Fotos mit dem Fotoapparat

Beim Fotografieren kommt es zuerst auf das richtige Motiv an. Damit es aber wirklich eine gelungene Aufnahme wird, brauchst du auch einige Kenntnisse über die Physik beim Fotografieren.

Bild 1

Experimente und Beobachtungen

Zum Aufbau einer Fotokamera

Experiment 1: Wie ist eine einfache Kamera aufgebaut?
Baue das Modell einer Kamera nach Bild 2 auf. Nutze als Foto-Objekt ein helles Fenster, ein beleuchtetes L, ein beleuchtetes Dia oder eine Kerze.
Welche Eigenschaften haben die erzeugten Bilder?
Welche Linse würdest du als Objektiv für eine Kamera auswählen?
Wie beeinflusst die Blende das Bild?

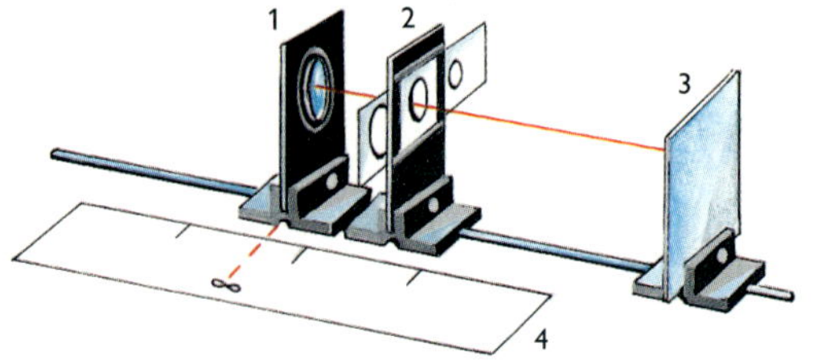

Bild 2: Modell einer einfachen Kamera
1 Objektiv
2 Blende (Schiebeschacht für Diarahmen, Papierstreifen mit verschieden großen Blenden)
Stelle die Blende dicht hinter der Linse auf.
3 „Film“ mit Bildformat 24 mm x 36 mm
4 Entfernungseinstellung (für Experiment 3)

Zur Bildscharfstellung

Experiment 2: Wie stellt man bei Kameras mit mechanischem Nachführsystem das Bild scharf ein?
Wie groß muss der Abstand des Objektivs vom Film mindestens sein, wenn man ein sehr weit entferntes Objekt abbilden will?
Vergleiche diesen Abstand mit der Brennweite des Objektivs.
In welche Richtung muss man das Objektiv verschieben, wenn sich das Foto-Objekt der Kamera nähert?
Überprüfe die Ergebnisse deiner Überlegungen an der Entfernungseinstellung einer Fotokamera mit einem mechanischen Nachführsystem.
Experiment 3: Stelle von einem weit entfernten Objekt ein scharfes Bild ein.
Notiere auf einem Papierstreifen (Bild 2) den Ort des Objektivs für diese Einstellung auf das Unendliche (∞).
Nähere das Foto-Objekt der Kamera. Markiere dabei jeweils den Ort des Objektivs für die neue Scharfeinstellung und schreibe die dazugehörige Entfernung des Objektes daran.
Bei welchen Kameras findet man dieses Prinzip für die Entfernungseinstellung?
Experiment 4: Manche Kameras haben ein feststehendes Objektiv (Fixfocus). Untersuche am Beispiel der Linsen f = +100 mm, f = +50 mm und einer Linse mit noch kleinerer Brennweite (Doppellinse) folgende Frage:

Wievielmal größer muss die Gegenstandsweite eines Objektes sein als die Brennweite des Objektivs, damit bei beliebig weiter Entfernung noch ein ausreichend scharfes Bild entsteht? Vergleiche dein Ergebnis mit der Angabe der Brennweite auf Kameras mit Fixfocus und den Hinweisen in den Bedienungsanleitungen.
Untersuche die Frage auch, indem du die Gegenstandsweiten in Abhängigkeit von den Brennweiten der Linsen berechnest.

Experiment 5: Manche Kameras mit Fixfocus haben für Nahaufnahmen eine vorschaltbare Zusatzlinse.
a) Erzeuge mit einem Objektiv f = + 250 mm von einem 1 m entfernten Gegenstand ein scharfes Bild.
b) Nähere den Gegenstand auf 0,5 m an, das Bild wird unscharf. Stelle eine zweite Linse (f = + 250 mm) als Zusatzlinse so vor das Objektiv, dass wieder ein scharfes Bild entsteht.
c) Welche Kameras nutzen dieses Prinzip für die Entfernungseinstellung?

Experiment 6: Bei anderen Kameras erfolgt die Entfernungseinstellung selbstständig (Autofocus).
a) Stelle einen Gegenstand 1 m vor das Objektiv und übernimm die Rolle eines Kleincomputers, der aus der automatischen Entfernungsmessung den Auszug des Objektivs berechnet.
b) Übernimm danach die Rolle des Stellmotors für dieses Objektiv.
c) Welche Kameras nutzen dieses Prinzip für die Entfernungseinstellung?

Zur Schärfentiefe

Experiment 7: Erzeuge mit einer Kamera nach Bild 1 ein scharfes Bild von zwei beleuchteten L. Der Winkel α soll klein sein.
a) Verschiebe von dieser Position aus eine Lampe etwa 15 cm nach hinten. Was beobachtest du am Bild?
b) Führe in den Schiebeschacht für den Diarahmen einen Streifen Papier mit unterschiedlich großen Blenden ein. Was beobachtest du?
c) Wiederhole das Experiment, wobei du eine Lampe von der Ausgangsposition aus 15 cm nach vorn schiebst.
d) Versetze eine Lampe 15 cm nach vorn und die andere 15 cm nach hinten. Kannst du auch diesmal mit einer Blende beide L scharf abbilden?

Zum Bildausschnitt

Experiment 8: Wie breit werden die Bildausschnitte, die du mit Linsen verschiedener Brennweite von einem Fenster auf einem Lineal erzeugen kannst?

Experiment 9: Stelle in das Fenster einen Blumentopf und seitlich vom Fenster je eine Kerze. Hänge über das Lineal gefaltetes Papier, auf dem das Bildformat eines Kleinbildfilms gezeichnet ist.
Welche Linse ist als Teleobjektiv zum Abbilden des Blumentopfes geeignet?
Welche Linse (Doppellinse) ist als Weitwinkelobjektiv zum Abbilden des Fensters einschließlich der Kerzen geeignet?
Sieh von demselben Standort aus mit festem Blick auf die Wand (mit Fenster und Kerzen) und entscheide dann die Frage:
Welche Linse bildet von der Wand etwa denselben Ausschnitt ab, den dein Auge sieht?

Experiment 10: Bestimme nach Bild 1 den größtmöglichen Bildwinkel α von Linsen verschiedener Brennweiten.

Experiment 11: Bestimme ebenso wie im Experiment 11 den Bildwinkel verschiedener Foto-Objektive.

Zur Funktion von Filtern

Experiment 12: Betrachte durch ein Polarisationsfilter vom Fenster aus farbige Pkw, auf deren Dach sich Gegenstände spiegeln. Drehe dabei langsam das Filter.
a) Welche zwei Beobachtungen machst du?
b) Betrachte ebenso einzelne Wolken auf blauem Himmel.
c) Wozu dienen Polarisationsfilter beim Fotografieren?

Experiment 13: Erzeuge mit einer Spaltblende und einem Prisma ein Spektrum. Halte in das Licht ein Rotfilter und dann ein Blaufilter.
Was beobachtest du?
Wozu dienen Farbfilter beim Fotografieren?

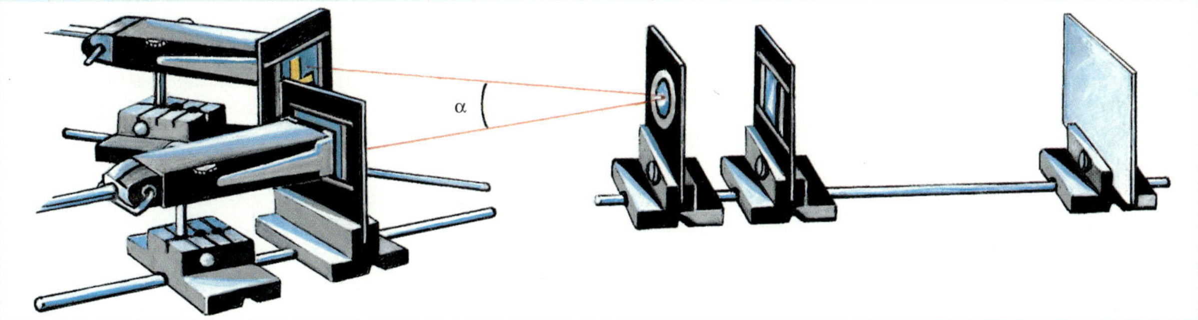

Bild 1

Zur Farbfotografie

Experiment 14: Erzeuge das Spektrum vom Licht einer Glühlampe.
a) Blende mit einem schmalen Gegenstand aus dem Spektrum einzelne Farben aus, vereinige die Restfarben mit einer Sammellinse auf dem Schirm. Die so entstehende Mischfarbe und die ausgeblendete Farbe nennt man Komplementärfarben.
b) Bestimme zu einigen Farben die Komplementärfarben.
c) Zeige, dass sich Komplementärfarben zu weiß ergänzen.
d) Wie sieht ein (nicht glänzender) Körper aus, wenn du ihn mit seiner Komplementärfarbe beleuchtest?

Zur Chemie des Fotografierens

Experiment 15: Lass verschiedenfarbiges Licht aus drei Glühlampen so auf einen Schirm treffen, dass sich die Farben mischen können.
Experiment 16: Löse jeweils 2 Krümel Natriumchlorid (NaCl), Natriumbromid (NaBr) und Kaliumiodid (KI) in 2 cm^3 destilliertem Wasser. Gib bei jedem Reagenzglas mit einer Pipette etwa 1 cm^3 verdünnte Silbernitratlösung ($AgNO_3$) hinzu. Die entstehenden Niederschläge werden etwa 10 Minuten stehen gelassen. Was beobachtest du?
Experiment 17: Klebe auf ein Reagenzglas mit einem frisch gefällten Silberchlorid-Niederschlag schwarzes Papier, in das du zuvor Öffnungen in Form eines großen Pluszeichens geschnitten hast. Entferne nach einigen Minuten das Papier und beschreibe deine Beobachtung.
Experiment 18: Stelle dir lichtempfindliches Papier her. Löse dazu in einem Standzylinder 1 g Natriumchlorid (NaCl) in 3 g verdünnter Silbernitratlösung ($AgNO_3$) und gib 20 ml destilliertes Wasser hinzu. Vorsicht: Ätzend!
Da bereits jetzt die fotochemischen Reaktionen einsetzen, werden die folgenden Arbeiten bei stark vermindertem Licht ausgeführt. Gieße zunächst die verbleibende Flüssigkeit ab und wasche das Silberchlorid nochmals mit 10 ml destilliertem Wasser. Nach 30 s gießt du erneut ab. Gib danach etwa 7 ml aufgelöste Gelatine hinzu, rühre gut um und streiche die noch flüssige Mischung aus Gelatine und Silberchlorid mit einem Pinsel auf mehrere Bogen Papier. Lass diese im Dunkeln trocknen.
Experiment 19: Lege auf das getrocknete lichtempfindliche Papier verschiedene Gegenstände und belichte sie längere Zeit mit Sonnenlicht oder einer Lampe.
Was beobachtest du am Papier?
Experiment 20: Gib einem frisch gefällten Silberchlorid-Niederschlag 1 ml Entwicklerlösung zu. Was beobachtest du?
Experiment 21: Gib einem frisch gefällten Silberchlorid-Niederschlag 1 ml verdünnte Essigsäure zu und beobachte.
Experiment 22: Gib einem bereits längere Zeit belichteten und einem frisch gefällten Silberchlorid-Niederschlag unter Umschütteln etwas Fixiersalzlösung zu und beobachte.
Experiment 23: Lege lichtempfindliches Papier in eine Schale mit Fixierlösung. Nimm es nach einigen Minuten heraus, wässere es unter der Wasserleitung und lass es trocknen. Beschreibe dein Versuchsergebnis.

Aufgaben

1. Wie groß muss der Auszug eines Objektivs (f = 50 mm) sein, damit eine 10 m vor der Kamera stehende Person scharf abgebildet wird?
   Muss der Auszug doppelt so groß sein, wenn der Abstand 20 m beträgt?
2. Wie groß ist der maximale Auszug eines Objektivs (f = 50 mm), wenn auf der Entfernungseinstellung 0,6 m als kürzester Aufnahmeabstand angegeben ist?
3. Auf einem Teleobjektiv 2,8 /100 ist als kürzester Aufnahmeabstand 1,1 m angeben. Wie verändert sich dieser, wenn man einen 1 cm langen Zwischenring einbaut?
4. Welchen Durchmesser hat die kleinste Abblendung bei einem Weitwinkel-Objektiv 3,5 /30 ?
5. Bringe eigene Fotos mit und diskutiere mit Partnern den Motivaufbau.
6. Informiere dich in Büchern über weitere Tipps für einen gelungenen Motivaufbau, z. B. bei Tier- oder Pflanzenfotos.
7. Informiere dich in Büchern über den „Goldenen Schnitt“ für einen Motivaufbau.
8. Informiere dich anhand von Werbematerialien verschiedener Kamerahersteller über
   a) die möglichen Belichtungszeiten verschiedener Kameratypen,
   b) die möglichen Brennweiten, die Lichtwerte und die möglichen Blendenwerte verschiedener Wechselobjektive,
   c) die benutzten Verschlussarten,
   d) die benutzten Verfahren zur Lichtmessung,
   e) die wählbaren Automatikprogramme.
9. Gestalte Poster zur Geschichte der Entwicklung der Fotokameras, des Filmmaterials oder der Anwendung der Fotografie in der Wissenschaft, der Kunst und der Berichterstattung.
10. Suche aus Werbeprospekten und Zeitschriften Bilder heraus, die mit Effektfiltern fotografiert wurden.
11. Welche deiner Urlaubsfotos wären mit Farb- oder Polarisationsfiltern noch besser gelungen?

10.1 Bildentstehung im Fotoapparat

Bestandteile einer Kamera. Zu einer jeden Fotokamera (Bilder 1 und 2) gehören das lichtdichte Gehäuse, ein Objektiv, der Film mit einer Transporteinrichtung, das Suchersystem, die Irisblende und der Verschluss.

Suchersysteme. In einfachen Kleinbild-Sucherkameras dient als Suchersystem ein Galilei´sches Fernrohr. Die optische Achse dieses Fernrohrs nähert sich erst in größerer Entfernung der optischen Achse der Kamera. Daher stimmt der im Sucher angezeigte Ausschnitt nur für große Entfernungen mit dem späteren Bildausschnitt überein.
In einer Spiegelreflexkamera stimmt hingegen das Bild im Sucher mit dem Bild auf dem Film exakt überein.

Objektive. Unabhängig von der Art der Objektive und der Anzahl der in diesen befindlichen Linsen (bis 15 oder mehr Einzellinsen) wirken alle Objektive wie Sammellinsen. Sie erzeugen von einem Gegenstand ein verkleinertes, Kopf stehendes und seitenvertauschtes Bild.

Entfernungseinstellung. Für ein scharfes Bild muss durch die Werte für
- die Entfernung x des Objektes vom objektivseitigen Brennpunkt des Objektivs
- und die Entfernung (Auszugsweite) y des Films vom bildseitigen Brennpunkt des Objektivs die Newton´sche Linsengleichung $x \cdot y = f^2$ erfüllt sein (Bild 3).

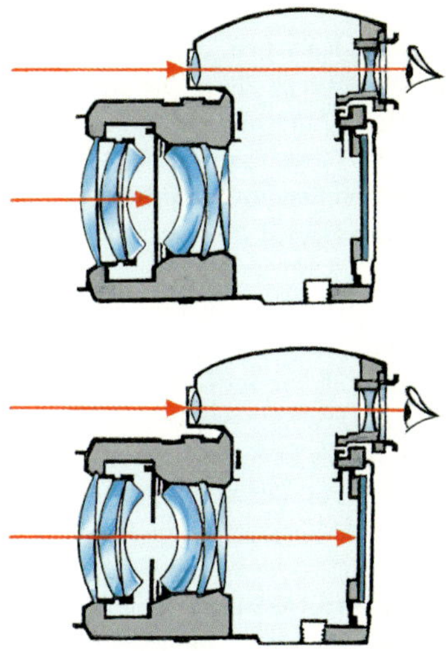

Bild 1: Einfache Kleinbild-Sucherkamera
Beim Einstellen des Bildes verschließt die Blende den Lichtdurchgang zum Film.

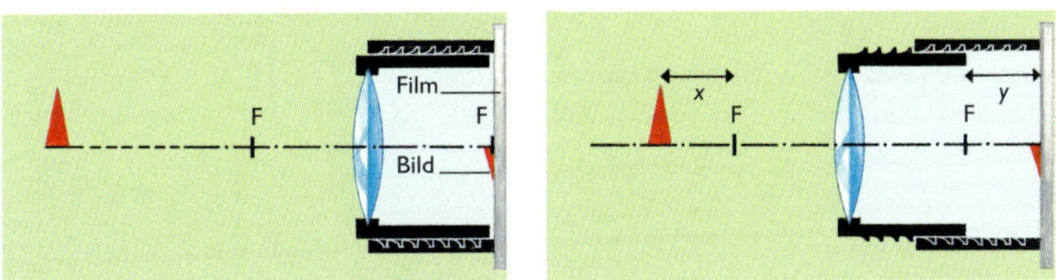

Bild 3: Bei der Einstellung auf Unendlich (∞) befindet sich der Brennpunkt auf dem Film (a). Bei der Einstellung auf endliche Entfernungen muss sich das Objektiv weiter vom Film entfernen (b). Dies erfolgte früher durch Herausziehen. Deshalb heißt die Größe y auch Auszugsweite des Objektivs.

Aus der Newton´schen Linsengleichung erkennt man, dass es bei einer einfachen Spiegelreflexkamera drei Möglichkeiten für die Entfernungseinstellung gibt:
- Herausdrehen des Objektivs entsprechend der Entfernungsangabe (Ändern von y),
- Herangehen an das Objekt oder Weggehen vom Objekt (Ändern von x),
- Auswechseln des Objektivs gegen eines mit anderer Brennweite (Ändern von f).

Das Berechnen der Auszugsweite y vom Objektiv nimmt uns die am Objektiv eingravierte Entfernungsangabe (Bild 4) oder ein eingebauter Kleincomputer ab.

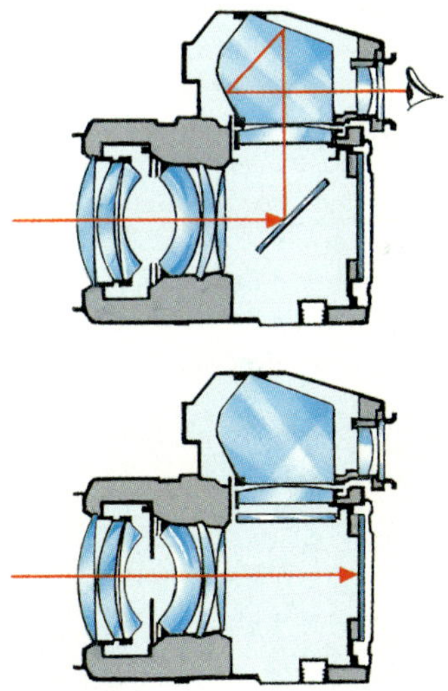

Bild 2: Einfache Kleinbild-Spiegelreflexkamera
Beim Einstellen des Bildes verschließt der Spiegel den Lichtdurchgang zum Film.

Bild 4: Angaben auf den Ringen eines Objektivs:
Entfernungseinstellung (in Metern und in Fuß), Schärfentiefebereich, Blendenzahlen

Kamera mit mechanischem Nachführsystem. Bei diesen Kameras wird der Auszug des Objektivs durch Drehen am Objektivring verändert.

Fixfocus-Kamera. Bei solchen einfachen und preiswerten Kameras ist die Entfernungseinstellung fest justiert. Damit ein scharfes Bild entsteht, müssen sich die zu fotografierenden Objekte mindestens in der 50fachen Entfernung der Brennweite des Objektivs befinden. Deshalb wählt man für Fixfocus-Kameras Objektive mit kleinen Brennweiten ($f \approx 30$ mm), dann kann man je nach Brennweite etwa ab 1,2 m, manchmal aber auch erst ab 2 m, bis unendlich alles scharf abbilden.

Autofocus-Kamera. Diese Kamera misst selbsttätig die Entfernung. Meistens erfolgt dies mit einem Infrarotstrahl. Dieser Infrarotstrahl orientiert sich an dem Gegenstand, der der Kamera am nächsten ist. Das muss nicht das Objekt sein, welches der Fotograf eigentlich scharf abbilden wollte. Diese Entfernungsmessung reicht nur bis 5 Meter. Daraus berechnet ein eingebauter Kleincomputer, wie weit innerhalb des Objektivs eine Linsengruppe verschoben werden muss, damit ein scharfes Bild entsteht.

Schärfentiefe. Sie gibt den Entfernungsbereich an, in dem Objekte scharf abgebildet werden, auch wenn sie sich unterschiedlich weit vor der Kamera befinden. Eine absolut scharfe Abbildung mehrerer Punkte eines Objekts ist nur möglich, wenn alle diese Punkte dieselbe Entfernung von der Kamera haben. Bild 1 zeigt ein Objekt aus drei Punkten. Der Punkt P wird scharf abgebildet. Die Punkte P_v und P_n, die sich vor bzw. hinter dem Punkt P befinden, werden dagegen in der Filmebene als kleine Zerstreuungskreise abgebildet.
Solange die Durchmesser dieser Kreise kleiner als 0,04 mm sind, nimmt das menschliche Auge diese Kreise auf dem fertigen Foto als Punkte wahr. Das Gesamtbild des Objekts erscheint dann noch scharf.
Die Schärfentiefe ist umso größer,
- je größer die Abblendung ist,
- je größer die Entfernung ist und
- je kleiner die Brennweite ist.

Auf einem Objektiv ist für jede Blende der Bereich der Schärfentiefe angegeben.

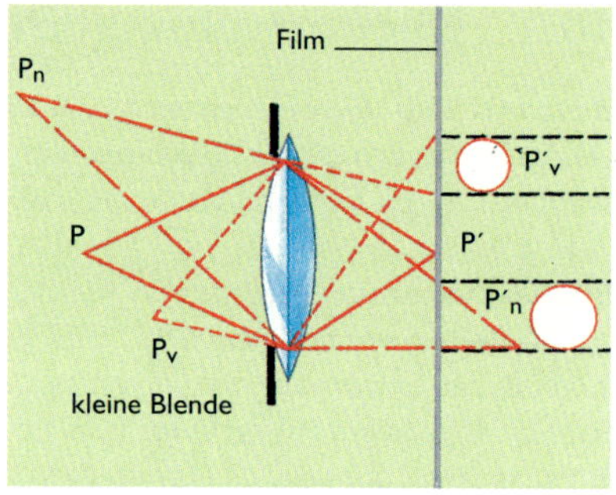

Bild 1: Schärfentiefe bei der Kamera
a) Kleine Abblendung: Die Blende deckt eine kleine Fläche der Linse ab. Die Zerstreuungskreise haben einen großen Durchmesser *D* und bedingen eine geringe Schärfentiefe.

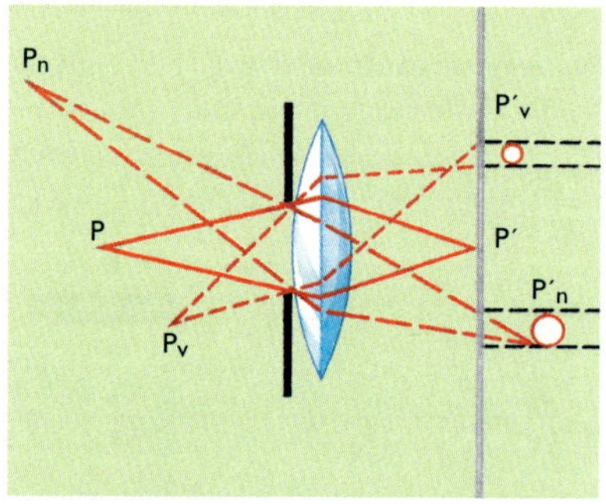

b) Große Abblendung: Die Blende deckt eine große Fläche der Linse ab.
Die Zerstreuungskreise sind kleiner, die Schärfentiefe ist größer.

Bild 2: Foto mit kleiner Abblendung

Bild 3: Foto mit großer Abblendung

Belichtungszeit und Blende. Gute Fotos können nur entstehen, wenn auf dem lichtempfindlichen Film die für diesen Film notwendige Lichtmenge einfällt. Wie viel Licht bei einem bestimmten Objektiv auf dem Bildausschnitt von 24 mm x 36 mm ankommt, hängt von der Helligkeit des Motivs und von der Größe der Linsenfläche ab, die von der Blende freigegeben wird. So gelangt bei der kleineren Abblendung im Bild 2 in gleicher Zeit mehr Licht auf den Film als bei der größeren Abblendung im Bild 3.

Die verschiedenen Abblendungen sind so gewählt, dass sich die freie Linsenfläche von einer Abblendungsstufe zur nächsten jeweils halbiert bzw. verdoppelt. Dabei bedeuten größere Blendenzahlen größere Abblendungen.
Auch die Belichtungszeiten sind so eingestellt, dass sie sich von einer Einstellung zur folgenden jeweils halbieren bzw. verdoppeln. Die Belichtungszeiten sind meist Bruchteile einer Sekunde. Man gibt auf der Skala jeweils nur den Nenner des Bruchteils an. Eine 60 bedeutet (1/60) s.
Durch diese Unterteilung der Blenden und der Belichtungszeiten gibt es mehrere Kombinationen von Abblendungen und Belichtungszeiten, die auf dem Film jeweils gleiche Lichtmengen ergeben (Bild 1). Für ältere Kameras können mögliche Kombinationen dieser Werte von einem gesonderten oder von einem eingebauten Belichtungsmesser abgelesen oder nach der Erfahrung eingestellt werden.

Blende	2,8	4	5,6	8	11	16	22
Belichtungszeit	$\frac{1}{1000}$	$\frac{1}{500}$	$\frac{1}{250}$	$\frac{1}{125}$	$\frac{1}{60}$	$\frac{1}{30}$	$\frac{1}{16}$

Bild 1: Damit auf den Film, unabhängig von der Wahl der Abblendung oder unabhängig von der Wahl der Belichtungszeiten, immer dieselbe Lichtmenge auftrifft, muss man beim Vergrößern der Abblendung die Belichtungszeiten verlängern bzw. beim Verkürzen der Belichtungszeiten die Abblendungen verkleinern.

Lichtstärke eines Objektivs und Angabe der Blendenzahlen. Die Lichtstärke ist als erste Zahl auf jedem Objektiv eingraviert, wobei man manchmal von der Angabe 1 : 2,8 nur 2,8 schreibt. Als Maß für die Lichtstärke (vgl. Abschnitt 2.3) dient der Quotient aus dem Durchmesser D der größtmöglichen lichtdurchlässigen Linsenöffnung und ihrer Brennweite f:

$$\textbf{Lichtstärke} = \frac{\boldsymbol{D}}{\boldsymbol{f}}\,.$$

Um die Lichtstärken verschiedener Objektive vergleichen zu können, ist es üblich, diesen Quotienten noch weiter umzuformen:

$$\text{Lichtstärke } \frac{D}{f} = \frac{1}{\frac{f}{D}}\,.$$

Den Quotienten $\frac{f}{D}$ nennt man Blende: $\textbf{Blende} = \frac{\boldsymbol{f}}{\boldsymbol{D}}$.

Die kleinstmögliche Abblendung (kleinste Blende) ist also der Kehrwert von der Lichtstärke des Objektivs.

Beispiel: Für ein Objektiv mit einem größtmöglichen Durchmesser der lichtdurchlässigen Linsenfläche von D = 18 mm und einer Brennweite der Linse von f = 50 mm ergibt sich als Lichtstärke:

$$\text{Lichtstärke } = \frac{D}{f} = \frac{1}{\frac{f}{D}} = \frac{1}{\frac{50\text{ mm}}{18\text{ mm}}} = \frac{1}{2{,}8} = 1 : 2{,}8\,.$$

Als kleinste Abblendung ist auf dem Objektiv 2,8 eingraviert.
Die größtmögliche lichtdurchlässige Fläche dieses Objektivs berechnet sich nach der Gleichung für eine Kreisfläche zu $A = \pi \cdot D^2 = \pi \cdot (18\text{ mm})^2 = 1\,018\text{ mm}^2$. Soll die lichtdurchlässige Linsenfläche durch eine größere Blende auf die Hälfte (509 mm²) abgeblendet werden, kann man berechnen, welchen Durchmesser $D_{\text{halbe Fläche}}$ die Blende nur noch freilassen darf:

$$\text{Aus } A = \pi \cdot D^2 \text{ folgt } D^2 = \frac{A}{\pi} \text{ und } D = \sqrt{\frac{A}{\pi}}\,.$$

Damit kann man $D_{\text{halbe Fläche}}$ berechnen:

$$D_{\text{halbe Fläche}} = \sqrt{\frac{509\ \text{mm}^2}{\pi}} = 12{,}7\ \text{mm}.$$

Berechnet man für diese Abblendung den Blendenwert, so erhält man

$$\frac{f}{D} = \frac{50\ \text{mm}}{12{,}7\ \text{mm}} = 3{,}9.$$

Diese Abblendungsstufe bezeichnet man auf dem Einstellring mit Blende 4 (Bild 4, S. 69, und 1, S. 71).
Dieses Beispiel zeigt, dass sich bei Halbierung der lichtdurchlässigen Linsenfläche der Durchmesser nicht halbiert, sondern sich nur um den Faktor $\sqrt{2}$ verkleinert. Daher erhält man die Zahlen für alle Abblendungen aus der fortgesetzten Multiplikation der kleinsten Blende mit dem Faktor $\sqrt{2}$.

10.2 Eine moderne Fotokamera und ihr Zubehör

Mikrocomputer. Moderne High-Tech-Kameras sind mit modernster Elektronik dicht bepackt (Bild 2).

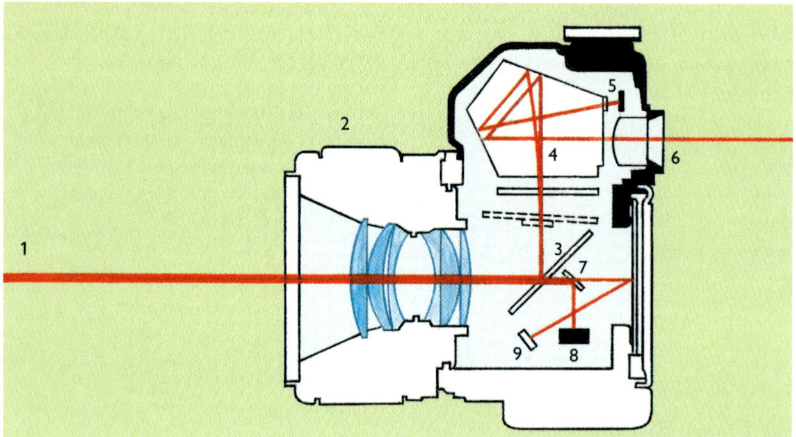

Bild 1: Querschnitt durch eine moderne Kleinbild-Spiegelreflexkamera
1 einfallendes Licht
2 Autofocus-Objektiv
3 Schwingspiegel
4 Aufteilung des Lichtes zum Suchersystem
5 Automatische Belichtungsmessung
6 Sucherokular
7 Hilfsspiegel
8 Entfernungsmessung
9 Blitz-Messzelle

Im Objektiv ist ein Mikrocomputer zur automatischen Scharfeinstellung eingebaut. Im Kameragehäuse übernehmen zwei weitere Mikrocomputer die Berechnungen zur Scharfeinstellung, die Belichtungssteuerung sowie andere Kamerafunktionen. So misst die Blitz-Messzelle in dem Augenblick, da der Spiegel hochschwingt, die vom Film reflektierte Lichtmenge. Ein Computer steuert danach das Blitzgerät.

Bild 2: Mikrocomputer und Kleinstmotor im Autofocus-Objektiv

Kleinmotore. Es sind drei Motore eingebaut: einer verschiebt die Linsen im Objektiv (Bild 2), ein zweiter transportiert den Film und der dritte öffnet und schließt die Blende, hebt und senkt den Spiegel.

Automatik. Man kann zwischen drei Betriebsarten der Automatik wählen. Man kann aber auch auf manuelle Einstellung umschalten.
In vielen Kleinbild-Sucherkameras wählen die Hersteller als ständige Programmautomatik das Motiv „Schnappschuss". Dabei kann die Kamera allerdings nicht zwischen einem Autorennen und einer Landschaft in Abendstimmung unterscheiden und der Fotograf kann auch nicht eingreifen. Für durchschnittliche Fotos von üblichen Urlaubs- und Familienmotiven ist diese Automatik dennoch gut geeignet.

Zeitautomatik	Blendenautomatik	Programmautomatik
Für unbewegte oder für sich langsam bewegende Motive wählt man eine große Blende aus. Der Computer steuert nach den Lichtverhältnissen die dazugehörige Belichtungszeit.	Für sich schnell bewegende Motive wählt man eine kurze Belichtungszeit. Der Computer steuert nach den Lichtverhältnissen die dazugehörige Blende.	Man stellt das Motiv ein und der Computer steuert beides, Blende und Belichtungszeit. Beispiele: Landschafts-, Porträt-, Nahaufnahme-, Sport-, Nacht- oder Silhouettenprogramm

Kamerazubehör. Objektive sollen die Natur auf dem Film so abbilden, wie sie wirklich ist, ohne Verzerrungen und ohne Farbstiche. Das ist mit einem einzigen Objektiv nicht immer möglich. Deshalb werden Wechselobjektive, Zwischenringe, Filter und Blitzlichtgeräte angeboten.

Filter. Mit Filtern können Fotografen eine andere Welt schaffen.

Polarisationsfilter	Farbfilter	Effektfilter
– lassen Farben kräftiger erscheinen – beseitigen Spiegelungen auf Glas, Wasser und anderen glänzenden Flächen – schaffen kontrastreiche Wolken auf tieferem Himmelsblau	– „korrigieren" die farbliche Zusammensetzung des Sonnenlichtes – Der Blaufilter hält morgens und abends den erhöhten Anteil des roten Lichtes zurück (verhindert Rotstich). – Der Rotfilter hält mittags den erhöhten Anteil von blauem Licht zurück (vermeidet Blaustich).	– Mehrfachprismen lassen dasselbe Motiv mehrfach erscheinen. – Sterneffekt-Vorsätze fächern Licht von besonders hell leuchtenden Punkten kreuzförmig auf. – Weichzeichner schaffen einen Hauch von Romantik.

Wechselobjektive. Das Universalobjektiv ist ein Objektiv mit der Brennweite f = 50 mm. Dieses Objektiv bildet die Welt auf dem Film so ab, wie wir sie mit dem Auge sehen. Deshalb heißt es Normalobjektiv. Je stärker sich die Brennweite eines Objektivs von der eines Normalobjektivs unterscheidet, desto größer sind die Abweichungen von der gewohnten Perspektive (Bilder 1 und 2).

Bild 1: Möchtest du dich mit einem Fish-Eye-Objektiv für eine Bewerbung porträtieren lassen?

Bild 2: Fish-Eye-Objektive gibt es mit Brennweiten von 6 mm bis 16 mm, die Bildwinkeln von 220° bzw. 180° entsprechen.

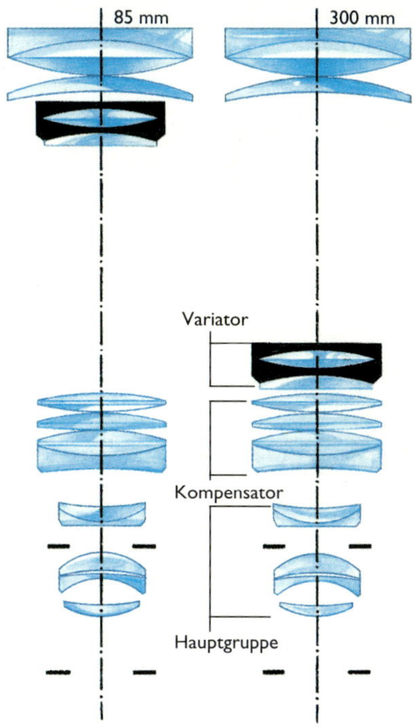

Bild 3: Die Veränderung der Brennweite in einem Zoom-Objektiv erfolgt durch Verschieben einer Linsengruppe, die Variator heißt.

Zoom-Objektive. In ihnen kann durch Verschieben einer Linsengruppe die Brennweite und damit der Abbildungsmaßstab kontinuierlich verändert werden. Mit Zoom-Objektiven (Bild 3) kann beispielsweise im Fernsehen der Eindruck erweckt werden, als nähere sich ein Kameramann aus großer Entfernung immer mehr einer Löwengruppe, bis er sich scheinbar in ihrer Mitte befindet.

	Weitwinkelobjektiv	Normalobjektiv	Teleobjektiv
Brennweite	f = 24 mm bis f = 35 mm	f = 50 mm	f = 80 mm bis f = 300 mm

Bildwinkel	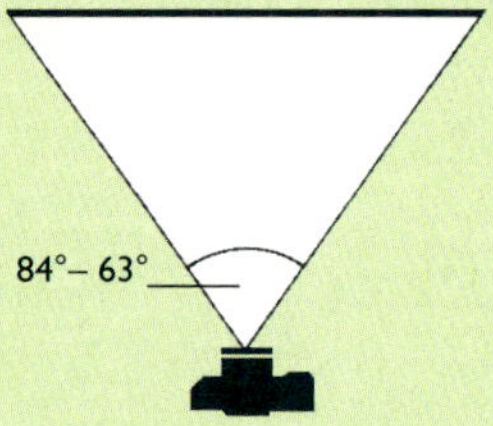	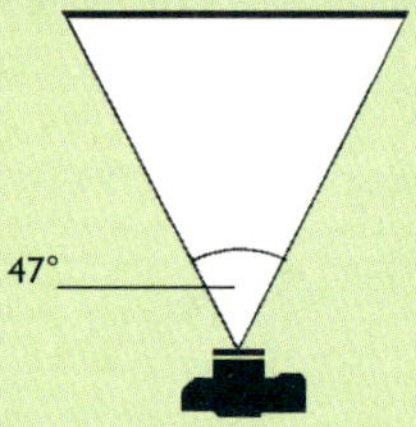	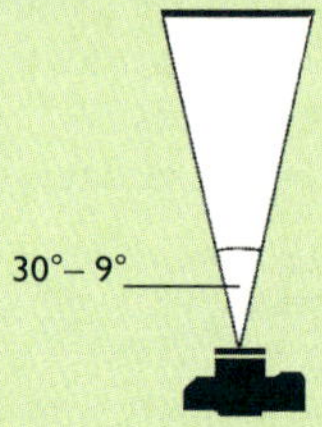
Bildausschnitt	erfasst viel von der Szene, mehr als das Auge mit einem Blick wahrnehmen kann	gibt die Wirklichkeit vom Standpunkt der Kamera aus augengerecht wieder	erfasst wenig von der Szene, vergrößert aber gegenüber der Wahrnehmung mit dem Auge
Perspektive und Schärfentiefe	steilere Perspektive Aufnahmen aus sehr naher Entfernung ergeben störende Perspektive. große Schärfentiefe auf lange Distanz	höchstmögliche naturgetreue Wiedergabe, perspektivische Verzerrung nur bei extremer Annäherung der Kamera, Schärfentiefe nur in einem begrenzten Bereich	flachere Perspektive Schärfentiefe schmilzt so stark zusammen, dass ein Objekt vom Vordergrund und vom Hintergrund durch Unschärfe isoliert wird.
Lichtstärke	geringere Lichtstärke als Normalobjektiv Damit gleich viel Licht ankommt, muss der Durchmesser der Linsen größer sein als im Normalobjektiv.	hohe Lichtstärke, bei geringem Licht einsetzbar	noch geringere Lichtstärke als Weitwinkelobjektiv. Der Durchmesser der Linsen muss noch größer sein als beim Weitwinkelobjektiv, damit gleich viel Licht ankommt.
Kürzester Aufnahmeabstand	0,2 m bis 0,3 m	0,45 m bis 0,6 m	1,3 m bis 2,5 m
Anwendungsbereich	Landschaft, Gebäude, Gruppenaufnahmen, beengte räumliche Verhältnisse	universell einsetzbar	entfernte Objekte, Porträt, Detailaufnahmen

Zwischenringe. Um den kürzesten Aufnahmeabstand bei einer Kamera weiter zu verkleinern, können zwischen Kameragehäuse und Objektiv Zwischenringe eingesetzt werden. Dies ist für Nahaufnahmen von Bedeutung.

Blitzlichtgeräte. Moderne Kleinbild-Kameras sind mit einem Zusatzblitzlicht ausgestattet, es hat eine Reichweite von 5 m. Der Kleincomputer in der Kamera entscheidet nicht nur über das Zuschalten des Blitzlichtes, er steuert auch das synchrone Zusammenwirken von Blitzlicht und Öffnung des Kameraverschlusses.

10.3 Tipps für gute Fotos

Bild 1

Für den Motivaufbau guter Fotos gibt es viele Regeln. Hier können nur einige angeführt werden:

Porträtfotos. Ein Porträtfoto soll typische Charakter- und Willenseigenschaften eines Menschen ausdrücken, seine Rolle (Mutter, Großvater), seinen Beruf oder sein Hobby darstellen. Das Gesicht sollte durch die Wahl des Hintergrunds, durch eine kleine Blende oder durch eine große Brennweite von der Umgebung isoliert werden. In Blickrichtung des Gesichts muss freier Raum bleiben (Bild 1).

Architekturaufnahmen. Hierzu zählen weiträumige Stadtansichten, das einzelne Bauwerk wie auch das Detail. Lohnenswerte Aufnahmen, die man sich von der Reise mitbringt, sollen einen ganz persönlichen Blickwinkel, eine seltene Bildstimmung oder einen originellen Ausschnitt zeigen (Bilder 2 und 3). Reizvolle Motive lassen sich immer auch in der eigenen Wohnumgebung finden. Oft hat man zu Hause mehr Ruhe und kann die optimalen Lichtverhältnisse abwarten. Der plastische Gesamteindruck einer Ansicht erfordert das richtige Sonnenlicht, das ein Spiel mit dem Schatten ermöglicht. Bei diffuser, also nicht direkter Beleuchtung sollte man sich mehr auf Details wie Figuren oder Profile konzentrieren.

Bild 2

Bild 3

Sportaufnahmen. Dynamik auf Sportfotos erreicht man durch unscharfen Hintergrund (Mitreißen der Kamera mit dem Sportler), Unschärfe beim Sportler (infolge seiner großen Geschwindigkeit) oder durch „Einfrieren" der Bewegung (infolge einer extrem kurzen Belichtungszeit).

Bild 4

10.4 Filmauswahl und Fotoformat

Filmmaterialien. Amateurfotografen bevorzugen farbige Fotos. Hierfür gibt es:

	Farbnegativfilm (Bilderfilm)	Farbumkehrfilm (Diafilm)	Sofortbildfilm (Polaroidfilm)
Ergebnis	(1) Negativfilm (2) Papierbilder	Diabilder (ohne Umweg über Negativ)	Papierbilder (ohne Umweg über Negativ)
Vorteile und Nachteile	– großer Belichtungsspielraum (lieber über- als unterbelichten) – gegen Kunstlicht toleranter als Diafilm – beliebig viele, billige Abzüge – wenig Farbkontraste	– hohe Farbkontraste – genaue Belichtung erforderlich, daher nicht für einfache Kameras geeignet – für Kunstlicht nur mit Filter geeignet	– sofort fertiges Bild, aber teuer – kleine Bilder (daher nahe an das Motiv herangehen, meist Personen) – wenig Farbkontraste – keine Abzüge möglich

Auswahl der Filmempfindlichkeit. Je kleiner die Empfindlichkeit des Filmes ist (ISO 100/21°), desto besser sind meist die Schärfe und die Farben. Hochempfindliche Filme (ISO 400/27°) sollte man bei wenig Licht und ohne Blitz verwenden.

Fotoformat. Das Format eines Fotos bestimmt den perspektivischen Eindruck, den man beim Betrachten hat (Bilder 1 und 2). Bei einer Aufnahme mit einem Normalobjektiv erhält man bei einer fünffachen Vergrößerung auf das Format 12 cm x 18 cm einen natürlichen perspektivischen Eindruck. Bei kleinerer Vergrößerung entsteht ein tiefenverlängerter Eindruck, bei höherer Vergrößerung ein tiefenverkürzter Eindruck. Die für einen natürlichen perspektivischen Eindruck erforderliche Vergrößerung *V* berechnet sich aus der Brennweite *f* des benutzten Objektivs:

$$V = \frac{250}{f\,(\text{in mm})}$$

Bilder 1 und 2: Gleiches Motiv in verschiedenen Bildformaten

10.5 Chemie des Fotografierens

Fotochemische Reaktionen. Silberhalogenide, wie Silberchlorid (AgCl), Silberbromid (AgBr) und Silberiodid (AgI), sind lichtempfindliche Substanzen. Unter Einwirkung von Licht spaltet sich zum Beispiel Silberchlorid in metallisches, dunkel aussehendes Silber und Chlor:

$2\ AgCl \rightarrow 2\ Ag + Cl_2$.

Aufbau eines Schwarzweißfilms. Auf einem Schichtträger (Folie, Glas, Papier) befindet sich eine lichtempfindliche Emulsion aus Silberhalogenid-Kristallen und Gelatine (Bild 1a). Die Silberhalogenid-Kristalle nennt man Silberhalogenid-Körner. Jedes dieser Körner enthält eine größere Anzahl von Silber-Ionen.

Belichtung eines Films. Bei der kurzzeitigen Belichtung werden z. B. einige Silberchlorid-Körner belichtet, andere nicht (Bild 1b). In einem belichteten Korn werden einige wenige Silber-Ionen in metallisches Silber umgewandelt. Die in den Körnern entstehenden Silberkeime sind zu klein, um mit bloßem Auge sichtbar zu sein. Deshalb sieht ein belichteter Film anfangs wie ein unbelichteter Film aus. Er trägt in sich erst ein verborgenes, latentes Bild.

Entwickeln eines Films. An den metallischen Silberkeimen greift im nachfolgenden Entwicklungsprozess die Entwicklerflüssigkeit an und wandelt nach und nach alle Silberhalogenid-Ionen des jeweiligen Korns in metallisches Silber um (Bild 1c). Dabei löst sich die ursprüngliche Struktur der Körner auf. Durch dieses metallische Silber (auch Bildsilber genannt) werden die belichteten Stellen auf dem Film schwarz. Der Entwicklungsprozess wird nach einer bestimmten Zeit durch die Zugabe von Essigsäure abgestoppt.

Fixieren. Bevor das Negativ ans Licht gelangen darf, müssen die nicht belichteten Silbersalzkörner aus dem Film herausgewaschen werden. Ansonsten würde nachträglich der gesamte Film geschwärzt. Dieses Herauswaschen der nicht belichteten Silbersalzkörner erfolgt im Fixierbad. Das in Wasser gelöste Fixiersalz reagiert mit den Silbersalzen, nicht aber mit metallischem Silber. Die auf dem Film zurückbleibenden leeren Stellen sind hell (Bild 1d). Abschließend wird der Film gewässert und getrocknet. Er ist jetzt lichtunempfindlich.

Herstellen von Positiven. Mit dem Negativ wiederholt man diesen fotografischen Prozess und erhält dann das Positivbild des Originals (Bilder 2 und 3).

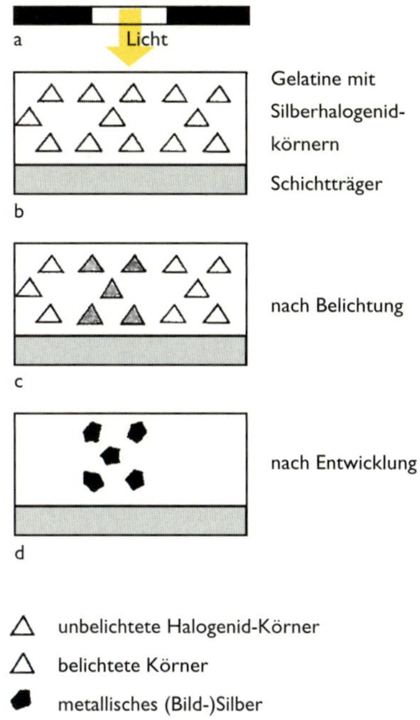

Bild 1: Prinzip der Schwarzweißfotografie

Bild 2: Negativ schwarzweiß
Bild 3: Positivbild des Originals

Filmempfindlichkeit. Die Filmempfindlichkeit wird in ISO-Werten (International Standard Organisation) angegeben. Eine Verdopplung des ISO-Wertes von 100 ISO auf 200 ISO entspricht einer Verdopplung der Empfindlichkeit. Die Filmempfindlichkeit wächst mit dem Durchmesser der Silberhalogenid-Körner in der lichtempfindlichen Schicht. Es reicht weniger Licht, um in einem bestimmten Bereich des Films wenigstens ein Korn zu treffen und zu belichten. Bei starken Vergrößerungen von hoch empfindlichen Filmen kann die größere Körnigkeit störend sichtbar werden.

Prinzip der Farbfotografie. Bild 1 zeigt schematisch den Aufbau eines Farbumkehrfilms. Nach der Belichtung entsteht in den Komplementärfarben ein farbiges Negativ. Bei Wiederholung des fotografischen Prozesses entsteht das farbechte Papierbild.

Prinzip des Sofortbildes. Der Entwickler befindet sich als Paste bereits in jedem Filmbild eingelagert. Nach der Belichtung wird er durch ein System von Rollen gleichmäßig auf der Negativschicht verteilt. Die Entwicklung erfordert nur wenige Minuten.

10.6 Techniken der Fotoherstellung

Erste Fotografien. Die im 17. bis 19. Jahrhundert von Kunstmalern benutzte Camera obscura erzeugte keine dauerhaften Bilder. Wollte man sie „aufbewahren", musste man sie auf der Leinwand nachzeichnen. Erst 200 Jahre später, im Jahre 1839, gelang es den Franzosen *J. N. Niepce* und *L. J. M. Daguerre* sowie dem Engländer *W. H. F. Talbot* mit drei verschiedenen Verfahren haltbare Fotografien herzustellen.
Niepce benutzte als „Film" eine dünne Asphaltschicht auf Stein oder Metall. Die Belichtungszeit betrug 2 bis 3 Stunden. An den vom Licht getroffenen Stellen wurde der Asphalt unlöslich. An den nicht belichteten Stellen wurde er mit einem Gemisch aus Petroleum und Lavendelöl herausgewaschen. Diese freien Stellen wurden durch Ätzen in die Metallplatte vertieft. Von dieser Platte konnten dann beliebig viele Abzüge gedruckt werden.
Daguerre benutzte zur Herstellung eines „Films" eine versilberte Kupferplatte, die er mit Jod bedampfte. Dadurch entstand eine lichtempfindliche Silberiodidschicht. Die Belichtungszeit war kürzer als bei *Niepce,* betrug aber auch noch eine halbe Stunde bis eine ganze Stunde. Zum Entwickeln ließ er auf die belichtete Platte Quecksilberdämpfe einwirken. Das Fixieren besorgte eine Kochsalzlösung. Sie löste das noch vorhandene unbelichtete Silberiodid heraus. Seine Fotografien waren stets Einzelbilder, sie konnten nicht vervielfältigt werden.
Talbot benutzte als lichtempfindliche Schicht Silberchlorid, das er auf Papier auftrug. Die Belichtungszeit betrug je nach Lichtverhältnissen bis zu 8 Stunden. Er fixierte das Negativbild mit einer Kochsalzlösung und tränkte es anschließend mit Wachs. Auf diese Weise wurde das Negativ lichtdurchlässig und konnte durch Auflegen auf anderes lichtempfindliches Papier bei mehrstündiger Sonnenbelichtung vervielfältigt werden.

Nassverfahren für Fotos. Einen weiteren Meilenstein in der Entwicklung der Fotografie stellte das 1850/51 von den Engländern *T. Gray*, *F. S. Archer* und *G. C. Bingham* erfundene Nasskollodiumverfahren dar. Als lichtempfindliche Schicht diente eine Kollodiumschicht, die Silberiodid enthielt. Sie befand sich auf einer Glasplatte und wurde im nassen Zustand belichtet. Die Zeit hierfür war für damals sensationell kurz, sie betrug nur noch 3 bis 30 Sekunden.

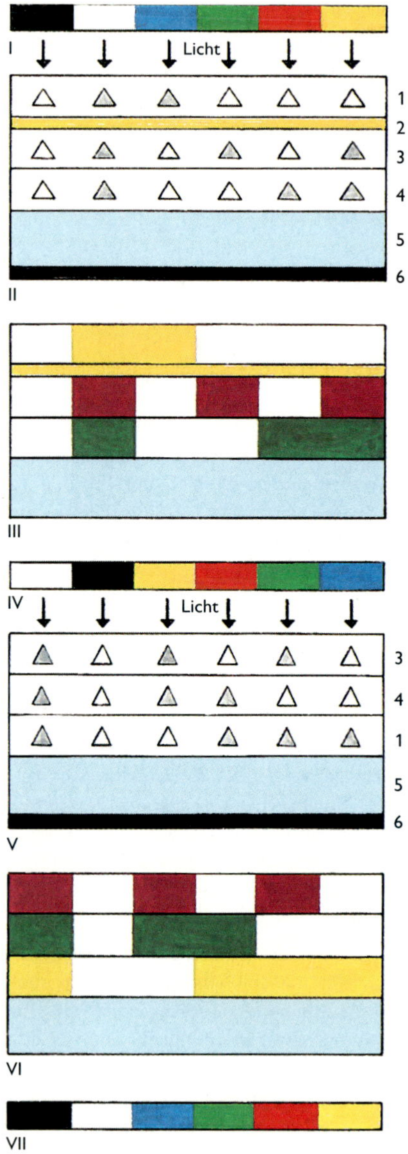

Bild 1: Schematische Darstellung des Prinzips der Farbnegativfotografie
I Foto-Objekt
II belichteter Film
III nach der Entwicklung
IV Farbwiedergabe im Negativ
V schichtvertauschtes Farbfotopapier nach Belichtung
VI nach Entwicklung
VII Farbfoto vom Foto-Objekt

1 blauempfindliche Schicht
2 gelbe Filterschicht
3 grünempfindliche Schicht
4 rotempfindliche Schicht
5 Schichtträger
6 schwarze Lichtschutzschicht

Nach einem umfangreichen chemischen Verfahren für das Entwickeln und Fixieren entstand auf der Glasplatte ein Negativ, aus dem sich beliebig viele und gute Papierbilder vervielfältigen ließen. Die Bilder konnten nachträglich auch noch koloriert werden.
Dieses Fotoverfahren eroberte sich schnell verschiedene Anwendungsgebiete (Bilder 1 und 2), vor allem die Porträtfotografie, die Berichterstattung sowie die Landschafts- und Reisefotografie.

Bilder 1 und 2: Das Nassverfahren hatte noch einen entscheidenden Nachteil, mit der Entwicklung des Bildes musste sofort nach dem Fotografieren begonnen werden. Man musste also auf Reisen immer sein Fotolabor (etwa 50 kg) bei sich tragen.

Trockenverfahren. Im Jahre 1871 erfand der englische Arzt *R. L. Maddox* ein Verfahren, bei dem eine trockene Platte als Film diente. Die lichtempfindliche Schicht bestand aus einer Gelatine-Bromsilber-Emulsion. Dieses Verfahren ermöglicht kürzere Belichtungszeiten. Noch wichtiger war, dass man mit der Entwicklung des Films längere Zeit warten konnte.

Bild 3: Atelier um die Jahrhundertwende. Wegen der langen Belichtungszeiten konnten sich die Personen in ein Gestell lehnen, damit sie die Aufnahme nicht verwackelten.

Amateurfotografie. Ab 1922 wurden Kleinbildkameras und Kleinbildfilme für Amateure verkauft. Die bekannteste Kamera jener Zeit war die Leica, eine Kamera der Firma Leitz.

Register

Quellenverzeichnis der Abbildungen

Archiv Optische Werke Rodenstock: 39/2; Archiv VWV: 35/2, 45/2, 52/1,2, 77/2,3; Astrophysikalisches Institut Potsdam: 65/1; Bergakademie Freiberg: 43/3; Bildagentur Art Buying: 73/2; Bildart Photos, Hohen Neuendorf: 12/1, 18/1, 2, 75/1; Blümel, H.: Mücka: 28/2,3; Carl Zeiss, Jena: Einband; 11/2, 35/3, 41/1; Carl Zeiss, Oberkochen: 25/2, 35/3, 41/2, 3, 53/3; DaimlerChrysler AG, Stuttgart: 75/4; Deutsches Museum, München: 9/1-3, 10/1, 14/4, 25/1, 35/1, 38/1, 2, 39/1, 40/2, 53/1, 2, 62/1, 63/1, 64/1, 2, 79/1-3; DLR, Berlin: 57/1; Fischer, R., Berlin: 75/2; Fotoatelier H.-J. Mock, Mühlhausen: 50/1; Handrick, R.: 18/3, 4; Hansen Planetarium, Salt Lake City: 27/1; Heinzel, K., Berlin: 28/1; Hron, D., Berlin: 66/1; NASA: 65/2, Nikkon: 69/4, 72/2, 73/1; Theuerkauf, H., Gotha: 30/2, 44/1-3, 46/1-4, 50/2-4, 51/1, 2; U.S.I.S.: 21/1, 2, 54/1; Werner, M.-G., Pulsnitz: 4/1, 22/1, 2, 36/1, 2, 37/1, 42/1, 2, 70/2, 74/1-3, 76/1, 2